国家公益性行业（农业）科研专项（200903033）

U0348931

水稻
农药高效科学施用技术
指导手册

郑永权　主编

中国农业科学技术出版社

图书在版编目（CIP）数据

水稻农药高效科学施用技术指导手册 / 郑永权主编 . —北京：中国农业科学技术出版社，2014.5

ISBN 978-7-5116-1615-9

Ⅰ . ①水… Ⅱ . ①郑… Ⅲ . ①水稻 – 病虫害 – 农药施用 – 手册 Ⅳ . ① S435. 11–62

中国版本图书馆 CIP 数据核字（2014）第 075674 号

责任编辑 张孝安
责任校对 贾晓红

出 版 者 中国农业科学技术出版社
　　　　　　北京市中关村南大街 12 号　 邮编：100081
电　　话 （010）82109708（编辑室）（010）82109704（发行部）
　　　　　　（010）82109703（读者服务部）
传　　真 （010）82106650
网　　址 http://www.castp.cn
经 销 者 各地新华书店
印 刷 者 北京富泰印刷有限责任公司
开　　本 850mm × 1 168mm　 1 /32
印　　张 3.5
字　　数 86 千字
版　　次 2014 年 5 月第 1 版　 2014 年 5 月第 1 次印刷
定　　价 24.00 元

编委会

主　编：郑永权

编　委（按姓氏笔画排序）：

前　言

　　我国是一个农业大国，农业的增产丰收关系到国家的经济发展、社会的繁荣稳定和广大人民群众的切身利益，而农业有害生物的防治是保证农业增产丰收的重要环节，化学防治则是农业有害生物防控最有效的措施。在目前和将来很长一段时期内，化学农药在有害生物控制中仍将起到至关重要、不可或缺的关键作用。科学、合理地施用农药将会有效控制病虫草等有害生物的为害；相反，农药的误用、错用、滥用、乱用等都将事倍功半，甚至是危害人类自己。因此，要把农药用好还注意以下诸多问题，比如农药多次使用导致病虫害对药剂的敏感度产生变化，农民或技术人员不能有效地选择药剂及使用剂量，造成防治效果不好或农药浪费，给农产品安全带来极大的隐患；又如农药的不科学混用导致农药投入量增加，时常会引发药害和农药对农产品的复合污染，同时对环境和非靶标生物还会造成巨大的影响；再如因施用不当造成药剂在有害生物体表沉积率低下，出现农药流失浪费严重、有效利用率低和严重污染环境的问题。

　　为此，笔者依托国家公益性行业（农业）科研专项"农药高效安全科学施用技术"（200903033），针对上述关键问题，面向农药施用技术人员和广大农民朋友，组织相关研究人员开展了5年的研究，以为害水稻、棉花、小麦、蔬菜、果树等农作物主要病虫害为攻关对象，研发出相关配方选药诊断试剂盒、"雾滴密度"测试卡和提高药剂沉积效率功能性助剂等高效、安全、科学施药技术，并组建了农药高效、安全、科学施用技术体系。

本书作为项目的研究成果，系统概括了为害水稻、棉花、小麦、蔬菜、果树等农作物主要病虫害的识别特征、不同防治技术等内容。随着配方选药技术、科学桶混技术、农药减量控制技术、优质高效低风险农药的筛选和应用等技术研究成果的成熟并投入使用，将对有效解决农药滥用、乱用现象，更加精准化选用农药，降低农药的使用量，确保农产品的质量和安全等具有重要的实用价值。同时，本书的出版发行也将有力提升农民的健康意识、环境意识和农产品质量安全意识，具有深远的社会意义。

本书由国家公益性行业（农业）科研专项"农药高效安全科学施用技术"项目组研究人员编写。书中存在错误或不足之处在所难免，恳请读者批评和指正。

郑永权

2014 年 2 月

目　录

第一章　农药喷雾

一、农药喷雾技术类型

农药喷雾技术的分类方法很多，根据喷雾机具、作业方式、施药液量、雾化程度、雾滴运动特性等参数，喷雾技术可以分为各种各样的喷雾方法。根据喷雾时的施药液量（即通常所说的喷雾量），可以把喷雾方法分为常规大容量喷雾法、中容量喷雾法、低容量喷雾法和超低容量喷雾法。

（一）常规大容量喷雾法

每 $667m^2$ 喷液量在 40L 以上（大田作物）或 100L 以上（果园）的喷雾方法称常规大容量喷雾法（HV），也称传统喷雾法或高容量喷雾法。这种喷雾方法的雾滴粗大，所以，也称粗喷雾法。在常规大容量喷雾法田间作业时，粗大的农药雾滴在作物靶标叶片上极易发生液滴聚并，引起药液流失，全国各地习惯采用这种大容量喷雾法。

（二）中容量喷雾法

每 $667m^2$ 喷液量在 15~40L（大田作物），或 40~100L（果园）的喷雾方法称中容量喷雾法（MV）。中容量喷雾法与高容量喷雾法之间的区分并不严格。中容量喷雾法是采取液力式雾化原理，使用液力式雾化部件（喷头），适应范围广，在杀虫剂、杀菌剂、除草剂等喷洒作业时均可采用。在中容量喷雾法田间作业时，农药雾滴在作物靶标叶片也会发生重复沉积，引起药液流失，但流失现

1

象比高容量喷雾法轻。

（三）低容量喷雾法

每 $667m^2$ 喷液量在 5~15L（大田作物），或 15~40L（果园）的喷雾方法称低容量喷雾法（LV）。低容量喷雾法的雾滴细、施药液量小、工效高、药液流失少、农药有效利用率高。对于机械施药而言，可以通过调节药液流量调节阀、机械行走速度和喷头组合等措施实施低容量喷雾作业。对于手动喷雾器，可以通过更换小孔径喷片等措施来实施低容量喷雾。另外，采用双流体雾化技术，也可以实施低容量喷雾作业。

（四）超低容量喷雾法

每 $667m^2$ 喷液量在 0.5L 以下（大田作物），或 3L（果园）以下的喷雾方法称超低容量喷雾法（ULV），雾滴粒径小于 $100\mu m$，属细雾喷洒法。其雾化原理是采取离心式雾化法，雾滴粒径决定于圆盘（或圆杯等）的转速和药液流量，转速越快雾滴越细。超低容量喷雾法的喷液量极少，必须采取飘移喷雾法。由于超低容量喷雾法雾滴细小，容易受气流的影响，因此，施药地块的布置以及喷雾作业的行走路线、喷头高度和喷幅的重叠都必须严格设计。

不同喷雾方法的分类及应采用的喷雾机具和喷头简单列于表 1-1，供读者参考。

表 1-1　不同喷雾方法分类及应采用喷雾机具和喷头

喷雾方法	喷液量（L/$667m^2$）		选用机具	选用喷头
	大田作物	果园		
常规大容量喷雾法（HV）	>40	>100	手动喷雾器	1.3mm 以上空心圆锥雾喷片
			大田喷杆喷雾机	
			担架式喷雾机	大流量的扇形雾喷头

喷雾方法	喷液量（L/667m²）		选用机具	选用喷头
	大田作物	果园		
中容量喷雾法（MV）	15~40	40~100	手动喷雾器 大田喷杆喷雾机 果园风送喷雾机	0.7~1.0mm 小喷片 中小流量的扇形雾喷头
低容量喷雾法（LV）	5~15	15~40	背负机动弥雾机 微量弥雾器 常温喷雾机 电动圆盘喷雾机	0.7mm 小喷片 气力式喷头 离心旋转喷头
超低容量喷雾法（ULV）	<0.5	<3	背负机动弥雾机 热烟雾机	离心旋转喷头 超低容量喷头

二、农药喷雾中的"流失"

喷雾法是农药使用中最常用的方法，因其常用，人们往往忽视其中存在的问题，简单地认为喷雾就是把作物叶片喷湿，看到药液从叶片滴淌流失为标准。这种错误的喷雾观念，就好像在给农作物洗澡，大量的药液流失到地表，喷雾人员接触喷过药的湿漉漉叶片，身上也会沾满农药。特别是果园喷雾时，喷药人员站在树下往上喷药，流失下的药液弄得自己满身都是，很容易发生中毒事故，非常危险。

（一）"雾"与"雨"的区别

"雾"是细小的液滴在空气中的分散状态，"雨"是粗大的液滴在空气中的分散状态。"雾"与"雨"的区别就是液滴粒径大小不同。我们可以把一个液滴看作一个圆球，各位读者在中学时，都学习过球的体积的计算公式：

体积（V）$= \dfrac{4}{3} \times \pi \times$ 半径^3（R^3）。

从以上公式中，我们可以计算得出，当药液的体积（V）一定时，液滴的粒径减小一半（R），则雾滴的数量由1个变成了8个，如图1-1所示。

在农作物病虫草害防治中，可以理解为士兵拿机关枪在扫射敌人，射出去的子弹数量越多，击中敌人的概率就越大，一次只发射一颗子弹的威力远不如一次发射8颗子弹的威力。因此，在农药喷雾中，若能够采用细雾喷洒，雾滴粒径为$100\mu m$左右，一定体积的药液形成的子弹数就很多；但是，如果采用淋洗式喷雾，液滴粒径在$1\,000\mu m$左右，两者相差10倍，则形成的子弹数（雾滴数）相差$1\,000$倍，工作效率自然非常低。

雾滴数目是原来的8倍

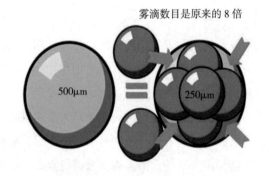

图1-1　雾滴粒径减小一半，雾滴数目由1个变成了8个

在农药喷"雾"技术中，根据雾滴粒径大小分为细雾、中等雾、粗雾，这3种"雾"与"雨"所对应的液滴粒径，如图1-2所示。

我们从图1-2中可以看出，"雨"的液滴粒径非常大，大约是"细雾"的10倍、是"中等雾"的5倍，是"粗雾"的2倍。液滴粒径越大，一定的喷液量所形成的雾滴数目就越少，越不利于农药药效的发挥。

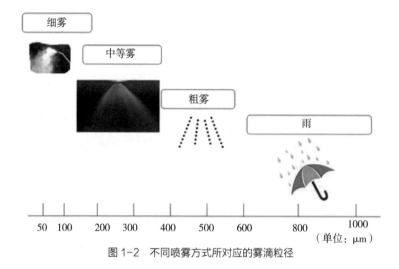

图1-2 不同喷雾方式所对应的雾滴粒径

（二）农药喷雾形态的分类

雾滴粒径即是农药喷雾技术中最为重要和最易控制的参数，也是衡量喷头喷雾质量的重要参数，雾化程度的正确选用是施用最少药量取得最好药效及减少环境污染等的技术关键。

1. 粗雾

粗雾是指粒径大于400μm的雾滴。根据喷雾器械和雾化部件的性能不同，一般在400~1 000μm。粗雾接近于"雨"。

2. 中等雾

雾滴粒径在200~400μm的雾滴称为中等雾。目前，中等雾喷雾方法是农业病虫草害防治中采用最多的方法。各种类型的喷雾器械和它们所配置的喷头所产生的雾滴基本上都在这一范围内。

3. 细雾

雾滴粒径在100~200μm的雾称为细雾。细雾喷洒在植株比较高大、株冠比较茂密的作物上，使用效果比较好。细雾喷洒只适合于杀菌剂、杀虫剂的喷洒，能充分发挥细雾的穿透性能，在使用除草剂时不得采用细雾喷洒方法。

（三）喷液量

这是指单位面积的喷洒药液量，也称施药液量，有人也叫喷雾量、喷水量。喷液量的多少大体是与雾化程度相一致的，采用粗雾喷洒，就需要大的施药液量，而采用细雾喷洒方法，就需要采用低容量或超低容量喷雾方法。单位面积（$667m^2$）所需要的喷洒药液量称为施药液量或施液量，用 $L/667m^2$ 表示。施药液量是根据田间作物上的农药有效成分沉积量以及不可避免的药液流失量的总和来表示的，是喷雾法的一项重要技术指标。根据施药液量的大小可将喷雾法分为高容量喷雾法、中容量喷雾法、低容量喷雾法、极低容量喷雾法和超低容量喷雾法。

（四）流失点与药液流失

作物叶面所能承载的药液量有一个饱和点，超过这一点，就会发生药液自动流失现象，这一点称为流失点。采用大容量喷雾法施药，由于农药雾滴重复沉积、聚并，很容易发生药液流失；当药液从作物叶片发生流失后，由于惯性作用，叶片上药液持留量将迅速降低，最后作物叶片上的药量就变得很少了。

在大雾滴、大容量喷雾方式条件下，药液流失现象非常严重。试验数据表明，果园喷雾中，有超过 30% 的药液流失掉，这些流失掉的药液不仅浪费，更为严重的是造成操作人员中毒事故和环境污染。药液流失示意图如图 1-3 所示。

三、农药雾滴最佳粒径

农药使用时不要采用淋洗式喷雾方式，因这种"雨"样的粗

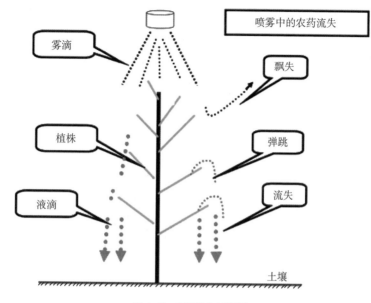

图 1-3　农药流失示意图

大液滴农药流失严重，人员中毒风险大。"雾"有细雾、中等雾、粗雾之分，如何选择合适的农药喷雾方法呢？应按照最佳雾滴粒径的理论进行喷雾。

　　雾滴粒径与雾滴覆盖密度、喷液量有着密切的关系，如图1-4所示。一个粒径400μm的粗大雾滴，变为粒径200μm的中等雾滴后，就变为了8个雾滴，雾滴粒径缩小到100μm的细雾后，就变为64个雾滴。随着雾滴粒径的缩小，雾滴数目按几何级数增

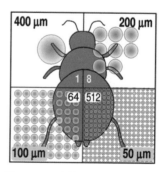

图 1-4　雾滴粒径与雾滴数的关系

加。随着雾滴数量的增加，农药击中害虫的概率显著增加。

从喷头喷出的农药雾滴有大、有小，并不是所有的农药雾滴都能有效地发挥消灭"敌人"的作用。经过科学家的研究，发现只有在某一定粒径范围内的农药雾滴才能够取得最佳的防治效果，因此，就把这种能获得最佳防治效果的农药雾滴粒径或尺度称为生物最佳粒径，用生物最佳粒径来指导田间农药喷雾称之为最佳粒径理论。不同类型农药防治有害生物时的雾滴最佳粒径如图1-5所示：杀虫剂喷雾防治飞行的害虫时，最佳雾滴粒径为10~50μm；杀菌剂喷雾时，最佳雾滴粒径为30~150μm；除草剂喷雾时，最佳雾滴粒径为100~300μm。从图1-5中看出，杀虫剂、杀菌剂、除草剂在田间喷雾时，需要的雾滴粒径是有区别的，像杀虫剂、杀菌剂要求的雾滴较细，而除草剂喷雾则要求较大的雾滴。

实际情况是，很多用户在农药喷雾时，根本不管是杀虫剂、还是除草剂，都用一种喷雾设备，用一种喷头，很容易造成问题。特别是在除草剂喷雾时，若采用细雾喷洒，则很容易造成雾滴飘移药害问题。

生物靶体	农药类别	生物最佳粒径（μm）
	杀虫剂	10~50
	杀菌剂	30~150
	杀虫剂	40~100
	除草剂	100~300

图1-5　防治不同对象所应采用的农药雾滴最佳粒径

不同类型的农药在喷雾时的雾滴选择可参考图1-6所示，在温室大棚这种封闭的环境中，可以采用烟雾这种极细雾的农药施用方式；对于杀虫剂和杀菌剂，应该采用细雾和中等雾喷雾方式；对于除草剂，应采用中等雾、粗雾的喷雾方式。

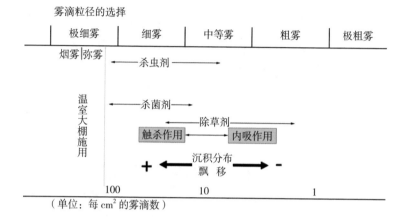

图1-6　不同类型农药所应采用的喷雾方式

四、雾滴测试卡

（一）技术要点

本技术产品用于快速检测评价田间农药喷雾质量，为低容量喷雾技术提供参数和指导。本技术已经获得国家发明专利（专利号 ZL2009 1 0236211.4）。本技术产品显色灵敏，应用便捷，在田间喷雾时，可以利用此卡测出雾滴分布、雾滴密度及覆盖度，还可用来评价喷雾机具喷雾质量以及测定雾滴飘移。

使用方法如下。

（1）喷雾前：将雾滴测试卡布放在试验小区内的待测物上或

自制支架上。

（2）喷雾结束后：待纸卡上的雾滴印迹晾干后，收集测试卡，观测计数。

（3）在每纸卡上随机取3~5个1cm²方格：人工判读雾滴测试卡上每平方厘米上的雾滴印迹数，计算出平均值，即为此方格的雾滴覆盖密度（个/cm²），如图1-7a和图1-7b所示。利用雾滴图像分析软件计算雾滴测试卡上的雾滴覆盖率（%）。本测试卡的雾滴扩散系数如表1-2所示，当雾滴印迹直径大于300μm时，雾滴在纸卡上的扩散系数趋于定值，其值为1.8，雾滴印迹直径/雾滴扩散系数＝雾滴真实粒径，即为雾滴大小。另外，可通过目测，直接粗略判断喷雾质量的好坏。

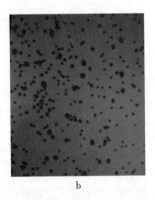

a   b

图1-7 雾滴测试卡喷雾前后对比图

表1-2 雾滴在雾滴测试卡上的扩散系数

雾滴印迹直径（μm）	扩散系数	雾滴真实粒径（μm）
100	1.6	62.5
200	1.7	117.6
300	1.8	166.7
1000	1.8	555.5
2000	1.8	1111.1

（二）注意事项

（1）使用中：请戴手套及口罩操作，防止手指汗液及水汽污染卡片。

（2）使用时：可用曲别针或其他工具将测试卡固定于待测物上，不可长时间久置空气中，使用时应现用现取。

（3）喷雾结束后：稍等片刻待测试卡上雾滴晾干后，及时收集纸卡，防止空气湿度大导致测试卡变色，影响测试结果；如果测试卡上雾滴未干，不可重叠放置，也不可放在不透气的纸袋中。

（4）室外使用时：阴雨天气或空气湿度较大时不可使用。

（5）实验结束后：若要保存测试卡，可待测试卡完全干燥后密封保存。

（6）不用时：测试卡应放置在阴凉干燥处，隔绝水蒸气以防失效。

五、雾滴密度比对卡

为便于田间喷雾时快速查明喷雾质量，可以采用图 1-8 所示的雾滴密度比对卡。用户在田间布放雾滴测试卡，得到喷雾后雾滴密度图后，与图 1-8 比较，就能快速查明雾滴的密度。例如，雾滴测试卡的雾滴密度状态与比对卡中的 100 个雾滴 /cm^2 类似，就可以判明喷雾质量为大约 100 个雾滴 /cm^2。

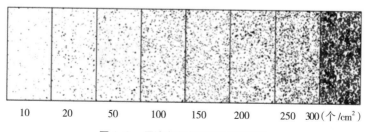

10　　20　　50　　100　　150　　200　　250　300（个 /cm^2）

图 1-8　雾滴密度比对测试卡示意图

六、农药喷雾的雾滴密度标准指导

（一）蔬菜田喷雾指导

1. 露地蔬菜小菜蛾防治（图1-9a和图1-9b）

选用药剂：1% 甲氨基阿维菌素乳油。

喷雾器械：背负式手动喷雾器；自走式喷杆喷雾机。

雾滴粒径：150μm。

雾滴标准：150 ± 20 个 /cm^2。

 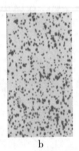

图1-9　露地蔬菜田喷雾防治和雾滴密度比对卡示意图

2. 温室大棚蔬菜烟粉虱防治（图1-10）

选用药剂：25% 环氧虫啶可湿性粉剂。

喷雾机具：热烟雾机。

药液配制：每667m^2 地农药制剂推荐用量 + 水（1.5L）+ 成烟剂（0.5L）。

喷雾方式：喷头对空喷洒，细小烟雾因飘翔效应均匀沉积分布在作物各部位。

雾滴标准：200 ± 20 个 /cm^2。

施药液量：2L/667m^2

雾滴粒径：20~30μm。

测试雾滴卡位置：植株中部。

图 1-10　温室大棚蔬菜烟粉虱喷雾防治

3. 温室大棚蔬菜白粉病防治（图 1-11）

选用药剂：10% 苯醚甲环唑水分散粒剂。

喷雾机具：热烟雾机。

药液配制：每 667m² 地农药制剂推荐用量 + 水（1.5L）+ 成

图 1-11　温室大棚蔬菜白粉病喷雾防治

烟剂（0.5L）。

喷雾方式：喷头对空喷洒，细小烟雾因飘翔效应均匀沉积分布在作物各部位。

雾滴标准：200 ± 20 个 $/cm^2$。

施药液量：$2L/667m^2$。

雾滴粒径：$20\sim30\mu m$。

测试雾滴卡位置：植株中部。

（二）小麦田喷雾指导

1. 小麦蚜虫防治（图 1-12a 和图 1-12b）

喷雾机具：机动弥雾机。

推荐农药：70% 吡虫啉水分散粒剂。

喷雾方式：喷头水平放置喷雾。

雾滴标准：140 ± 10 个 $/cm^2$。

测试雾滴卡位置：小麦穗部。

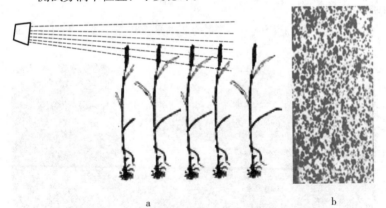

a   b

图 1-12   小麦蚜虫喷雾防治与雾滴密度比对卡示意图

2. 小麦吸浆虫防治（图 1-13）

喷雾机具：无人航空植保机。

推荐农药：2.5% 联苯菊酯超低容量油剂。

施药液量：300~500ml/667m²。

雾滴标准：15±10 个/cm²。

测试雾滴卡位置：小麦穗部。

图 1-13　小麦吸浆虫喷雾防治与雾滴密度比对卡示意图

3.小麦白粉病防治雾滴卡（图 1-14a 和图 1-14b）

喷雾器械：自走式喷杆喷雾机，背负式手动喷雾器。

推荐药剂：12.5% 腈菌唑乳油。

雾滴密度：220±20 个/cm²。

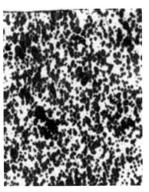

a　　　　　　　　　　　　　　b

图 1-14　小麦白粉病喷雾防治和雾滴密度比对卡示意图

（三）水稻田喷雾指导

1.吡蚜酮防治水稻稻飞虱的雾滴密度标准比对卡（图 1-15）

喷雾机具：机动弥雾机。

喷雾方式：下倾 45°~60° 喷雾。

雾滴标准：100 ± 20 个 /cm^2。

测试雾滴卡位置：植株基部离地面 10~15cm 处。

图 1-15 水稻稻飞虱吡蚜酮机动喷雾防治

2. 吡蚜酮防治水稻稻飞虱的雾滴密度标准比对卡（图 1-16）

喷雾机具：手动喷雾器。

喷雾方式：叶面喷雾。

雾滴标准：120 ± 10 个 /cm^2。

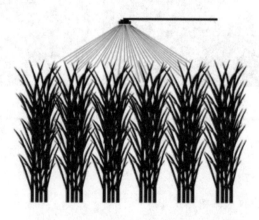

图 1-16 水稻稻飞虱吡蚜酮手动喷雾防治

测试雾滴卡位置：植株基部离地面 10~15cm 处。

3. 毒死蜱防治水稻稻飞虱的雾滴密度卡（手动喷雾器）（图1-17a 和图 1-17b）

喷雾机具：手动喷雾器。

喷雾方式：叶面喷雾。

雾滴标准：95 ± 20 个 /cm^2。

测试雾滴卡位置：植株基部离地面 10~15cm 处。

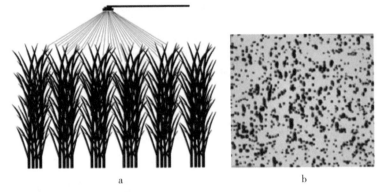

a
b

图 1-17 水稻稻飞虱毒死蜱喷雾防治和雾滴密度比对卡示意图

由于稻飞虱在水稻基部为害，加之水稻冠层对叶面喷雾的阻挡作用，田间药液用量较大。以雾滴密度为标准，可根据田间水稻生长量，确定田间药液用量。

药液用量：80~100L/667m^2。

4. 氯虫苯甲酰胺防治水稻纵卷叶螟的雾滴密度卡（弥雾机）（图 1-18）

喷雾机具：机动弥雾机。

喷雾方式：水平喷雾。

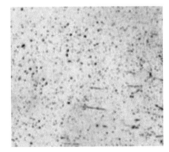

图 1-18 水稻纵卷叶螟氯虫苯甲酰胺喷雾防治雾滴密度卡示意图

雾滴标准：140 ± 25 个 /cm^2。

施药液量：15~30L/667m^2。

测试雾滴卡位置：植株顶部往下 15~20cm 的冠层内。

5. 氯虫苯甲酰胺防治水稻纵卷叶螟的雾滴密度卡（手动喷雾器）（图 1-19）

喷雾机具：手动喷雾器。

喷雾方式：叶面喷雾。

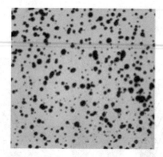

图 1-19　水稻纵卷叶螟氯虫苯甲酰胺喷雾防治雾滴密度比对卡示意图

雾滴标准：82 ± 9 个 /cm^2。

测试雾滴卡位置：植株顶部往下 15~20cm 的冠层内。

（四）棉花蚜虫的防治

啶虫脒乳油喷雾防治棉花蚜虫雾滴密度卡（图 1-20）。

喷雾机具：背负手动喷雾器。

推荐药剂：3% 啶虫脒乳油。

雾滴标准：175 ± 20 个 /cm^2。

测试雾滴卡位置：植株上部靠下。

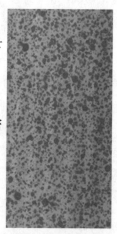

图 1-20　棉花蚜虫啶虫脒乳油喷雾防治雾滴密度比对卡示意图

第二章 农药剂型与农药施用

一、农药剂型与农药制剂

农药剂型与农药制剂并不是一回事。

农药剂型是指农药经加工后，形成具有一定形态、特性和使用方法的各种制剂产品的总称。例如，乳油、可湿性粉剂、悬浮剂、水乳剂、水分散粒剂等。每种农药剂型都可以包括很多不同产品。如乳油中可以包括40%毒死蜱乳油、40%辛硫磷乳油、4.5%高效氯氰菊酯乳油等。

农药制剂则是农药原药或母药经与农药助剂一起加工后制成的、具有一定有效含量的、可以进行销售和使用的最终产品。从农药经销部门购买、在农田中使用的农药大多属于农药制剂。如将92%阿维菌素原药加工成1.8%阿维菌素乳油或0.9%阿维菌素乳油，将95%腈菌唑原药加工成12.5%腈菌唑乳油或25%腈菌唑乳油等。其中，1.8%阿维菌素乳油或0.9%阿维菌素乳油，12.5%腈菌唑乳油或25%腈菌唑乳油就是农药制剂。

除了农药研究单位、生产企业和贸易公司外，我们在日常生活和农业生产过程中接触到的农药都是特定的农药制剂。根据防治和使用的需要，一种农药原药可以选择加工成多个农药剂型，而每一个农药剂型又可以包含许多不同含量、不同规格的农药制剂。对于一个选定的农药有效成分，剂型的不同预示着不同的制剂和使用中可能不同的防治效果。

这也就是使用中需要进行农药适宜剂型与制剂选择的主要原因。

二、农药适宜剂型与制剂选择

（一）农药适宜剂型与制剂选择的依据

农药适宜剂型与制剂选择主要是针对田间实际喷施的作物或者需要防治的病虫草害等防治对象提出的。

对于目前田间农药施用来说，大多数是采用兑水喷雾的使用方式。一般需要经过以下两个步骤：第一，将农药制剂加入水中，稀释成药液；第二，将药液用喷雾器械喷施到作物表面。

在这个过程中，下面几个方面的因素会不同程度地影响到防治效果：①农药制剂加入水中，制剂入水是否能够自发分散，或者经搅拌后能否很好分散；②稀释成的药液在喷施过程中是否稳定，或者说药液中分散的农药颗粒会不会很快向下沉淀；③喷雾器喷出的雾滴能否沉积到待喷施作物或防治对象表面，并牢固地黏住。而这些因素都和使用农药的剂型种类与制剂特性有关系。

通过研究，项目组根据寄主作物叶片特性，把水稻、棉花、小麦、蔬菜、果树等分为两大类。即水稻、小麦、蔬菜中的甘蓝和辣椒、果树中的苹果等，它们叶片表面的临界表面张力较低（小于 30mN/m），属于难润湿（疏水）作物；棉花、蔬菜中的黄瓜、番茄等，它们叶片表面的临界表面张力较高（大于 40mN/m），属于易润湿（亲水）作物。同时我们研究发现，在推荐使用剂量下，登记使用的乳油类产品的药液可以在水稻、小麦、果树、甘蓝等难润湿作物叶面粘着并润湿展布；其他剂型，特别是高含量的可湿性粉剂、水分散粒剂、可溶粉剂、水剂等，则难以在这些作物叶面润湿展布；对于棉花、黄瓜等易润湿作物，登记使用的乳油、可溶液剂等液体剂型在推荐使用浓度下，大都可以较好地在这些作物叶面润湿展布，但可湿性粉剂、水分散粒剂等有的可以，有的则不可以。

因此，为了提高使用农药的防治效果，减少药液从作物叶片滚落流失的量，需要根据待喷施作物叶片类型选择适宜的农药剂型与制剂。

（二）农药适宜剂型与制剂选择方法

1. 对于选定的作物和防治对象，首先要选择获得国家登记的合法产品

我国实行农药登记管理制度，就是所有农药在进入市场销售和使用前必须获得国家农药登记。获得登记的产品都进行了比较规范的药效试验、毒理试验与安全性评价等鉴定，属于合法产品。

2. 在获得国家登记的合法产品中，优先选择质量好的产品

每个获得登记的产品都有具体的控制项目要求，技术指标符合或优于标准要求的产品更能保障田间实际施用的效果。

主要剂型与制剂技术指标要求与鉴别方法见后。

3. 在质量好的产品中，优先选择对喷施作物润湿性好的产品

农药制剂兑水形成的药液首先要对待喷施的作物具有好的润湿性，才能形成好的展布与沉积，并最终发挥好的防治效果。

药液对待喷施作物的润湿性，可以使用项目组研究发明的一种快速检测判断药液对待喷施作物湿润展布情况的"润湿展布比对卡"进行测定，其使用规程见后面有关内容。

（三）典型农药剂型与制剂介绍

按照制剂外观形态，主要分为固体、液体、气体 3 种农药剂

型，在农业上使用的主要是固体剂型和液体剂型。

我国制定的农药剂型名称与代码国家标准（GB/T 19378-2003），规定了120个农药剂型的名称及代码，已获农药登记的剂型有90多种，但常用的仅有十几种。

下面重点介绍农业上常见的剂型种类与主要指标鉴别方法。

1. 可湿性粉剂（WP）

可湿性粉剂是农药的基本剂型之一，由农药原药、载体或填料、表面活性剂（湿润剂、分散剂）等经混合（吸附）、粉碎而成的固体农药剂型。加工成可湿性粉剂的农药原药一般不溶或难溶于水。常用杀菌剂、除草剂大多如此，因此，可湿性粉剂的品种和数量比较大。

对于田间喷雾施用来讲，可湿性粉剂必须具有好的湿润性与分散性。其外观应该是疏松、可流动的粉末，不能有团块；加水稀释可以较好湿润、分散并可搅拌形成相对稳定的悬浮药液供喷雾使用。

可湿性粉剂润湿性与分散性的简便鉴别方法为：在透明矿泉水瓶（或其他透明容器）中加入 2/3 体积（约 300ml）的水，用纸条或其他方便的方式加入约 1g 制剂。不搅动条件下，如制剂在 1min 内能润湿、并自发分散到水中，经搅动可以形成外观均匀的悬浮药液，静置 10min 底部没有明显的沉淀物出现，则可湿性粉剂润湿性与分散性基本符合要求，如图 2-1 所示。

图2-1　可湿性粉剂润湿性与分散性

2. 水分散粒剂（WG）

水分散粒剂是在可湿性粉剂和悬浮（乳）剂基础上发展起来的颗粒化农药新剂型，一般呈球状或圆柱状颗粒，在水中可以较快地崩解、分散成细小颗粒，稍加摇动或搅拌即可形成高悬浮的农药悬浮液，供喷雾施用。它避免了可湿性粉剂加工和使用中粉尘飞扬的现象，克服了悬浮（乳）剂贮存与运输中制剂理化性状不稳定的问题，再加上制剂颗粒化后带来的包装、贮运及计量上的方便，目前已经成为喷洒用农药制剂的重要剂型之一。

正是由于水分散粒剂是在可湿性粉剂和悬浮（乳）剂基础上发展起来的颗粒化剂型，在其田间实际使用中，除要求其必须具有可湿性粉剂必须具有的润湿性与分散性外，还必须具有良好的崩解性。

水分散粒剂崩解性、润湿性与分散性的简便鉴别方法，可参考可湿性粉剂润湿性与分散性的简便鉴别方法。水分散粒剂入水后能较快下沉并在下沉过程中崩解分散，即表明水分散粒剂具有良好的崩解性；搅动或摇动后可以形成外观均匀的悬浮药液，静置10min底部没有明显的沉淀物出现，则水分散粒剂润湿性与分散性基本符合要求，如图2-2所示）。

图2-2　水分散粒剂润湿性与分散性

3. 悬浮剂（SC）

农药悬浮剂是由不溶于水的固体或液体原药、多种助剂（湿润分散剂、防冻剂、增稠剂、稳定剂和填料等）和水经湿法研磨粉碎形成的水基化农药剂型，分散颗粒平均粒径一般为 $2\sim3\mu m$，小于可湿性粉剂中药剂的分散颗粒粒径（目前，国家标准规定，可湿性粉剂细度为98%过325目实验筛—$44\mu m$即为合格）。因此，对于相同的有效成分，药效一般比可湿性粉剂高。

悬浮剂属于不溶于水的农药颗粒悬浮在水中形成的粗分散体系，贮存中一般存在不稳定性，容易出现分层、底部结块等现象。因此，外观属于悬浮剂首要检查的指标。当选择使用悬浮剂时，应首先检查其外观是否合格。合格的悬浮剂应该是外观均匀、可流动、没有分层或底部结块存在；或稍有分层现象存在，但只要稍加摇动或搅拌仍能恢复匀相，并且对水能较好分散、悬浮，就不影响正常使用。

悬浮剂也是兑水稀释后使用的剂型，同样要求具有良好的润湿性与分散性。其润湿性与分散性技术指标的优劣可以参考可湿性粉剂润湿性与分散性的简便鉴别方法进行测定。悬浮剂入水后能自发分散并呈烟雾状下沉，搅动后可以形成外观均匀的悬浮药液，静置10min底部没有明显的沉淀物出现，则悬浮剂润湿性与分散性基本符合要求，如图2-3所示。

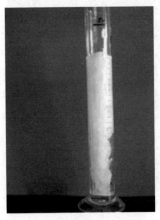

图2-3　悬浮剂润湿性与分散性

4. 乳油（EC）

乳油是农药最基本剂型之一，是由农药原药、乳化剂、溶剂等配制而成的液态农药剂型。主要依靠有机溶剂的溶解作用使制剂形成匀相透明的液体；利用乳化剂的两亲活性，在配制药液时将农药原药和有机溶剂等以极小的油珠（粒径 1~5μm）均匀分散在水中并形成相对稳定的乳状液供喷雾使用。一般来说，凡是液态或在有机溶剂中具有足够溶解度的农药原药，都可以加工成乳油。

乳油的最主要技术指标是乳化分散性和乳液稳定性，这主要取决于制剂中使用乳化剂的种类和用量。乳油的乳化受水质（如水的硬度）、水温影响较大，使用时最好先进行小量试配，乳化合格再按要求大量配制。如果在使用时出现了浮油或沉淀，药液就无法喷洒均匀，导致药效无法正常发挥，甚至出现药害。

快速鉴别乳油产品的质量好坏，可首先观察外观，静置时乳油是匀相透明的液体，不能分层和有沉淀；摇动后也必须保持匀相透明，不能出现混浊或透明度下降，也不能出现分层或产生沉淀。然后参照可湿性粉剂润湿性与分散性的简便鉴别方法，观察乳油入水的自发分散性与乳液稳定性。制剂入水呈云雾状自发分散下沉，搅拌后形成乳白色乳状液，且放置 10min 没有明显的油状物漂浮或沉在瓶底即基本符合要求，如图 2-4 所示。

图 2-4　油状乳白色乳状液

5. 水乳剂（EW）

水乳剂是部分替代乳油中有机溶剂而发展起来的一种水基化农药剂型。是不溶于水的农药原药液体或农药原药溶于不溶于水的有机溶剂所得的液体分散于水中形成的不透明乳状液制剂。与乳油相比，减少了制剂中有机溶剂用量，使用较少或接近乳油用量的表面活性剂，提高了生产与贮运安全性，降低了使用毒性和环境污染风险。

和乳油一样，水乳剂是对水稀释后喷雾使用的农药剂型，在加水稀释施用时和乳油类似，都是以极小的油珠（粒径 $1\sim5\mu m$）均匀分散在水中形成相对稳定的乳状液，供各种喷雾方法施用。其最主要技术指标是乳化分散性和乳液稳定性。

由于制剂中大量水的存在，制剂在贮运过程中会产生油珠的聚并而导致破乳，影响贮存稳定性。所以，使用水乳剂时一般要求先检查制剂的外观，理想的水乳剂产品应该是均相稳定的乳状液，没有分层与析水现象。如果有轻微分层或析水，经摇动后可恢复成匀相者也可以使用。

水乳剂入水分散性与乳液稳定性的快速鉴别和乳油一样。

6. 微乳剂（ME）

从本质上讲，农药微乳剂和水乳剂同属乳状液分散体系。只不过微乳剂分散液滴的粒径比水乳剂小得多，可见光几乎可完全通过，所以我们看到的微乳剂外观几乎是透明的溶液。农药微乳剂比水乳剂分散度高的多，可与水以任何比例混合，而且所配制的药液也近乎真溶液。但这并不代表其药效会比乳油或水乳剂所配制的白色浓乳状药液差，相反由于其有效成分在药液中高度分散、提高了施用后的渗透性，从而提高了药效。否则，如果微乳剂对水稀释配制的药液为白色乳浊液，说明这种微乳剂质量不合格。

另外，微乳剂的稳定性与温度有关，在一定温度范围内，微乳剂属于热力学稳定体系，超出这一温度范围，制剂就会变浑浊或发生相变，稳定性被破坏从而影响使用。

所以，外观是微乳剂的重要技术指标之一。如果买到的微乳剂静置时不是匀相透明的液体，有分层或沉淀；摇动后制剂不再匀相透明，而是出现混浊或透明度下降，则其质量肯定有问题。

（四）农药制剂的混合使用

农药制剂的混合使用主要是指使用者在施药现场根据实际需要或产品标签说明将两种或两种以上农药制剂或其药液混配到一起，成为一种混合制剂或药液使用，这完全有别于由生产企业按照一定的配比将两种或两种以上的农药有效成分与各种助剂或添加剂混合在一起加工成固定的剂型和一定规格制剂的农药混配。农药制剂合理混用，可以扩大使用范围、兼治多种有害生物、提高工效；有的还可以提高防效、减缓抗药性产生、避免或减轻药害等。但是，农药制剂混合使用必须遵循一定的原则。

1. 农药制剂混用的原则

（1）保证混用农药有效成分的稳定性：混用后影响农药有效成分稳定性的一种情况是有效成分间存在着物理化学反应。例如，石硫合剂与铜制剂混合就会发生硫化反应，生成有害的硫化铜；多数有机磷酸酯、氨基甲酸酯、拟除虫菊酯类农药与碱性较强的波尔多液、石硫合剂等混合就会发生分解反应。

混用后影响农药有效成分稳定性的另一种情况是混用后药液酸碱性的变化对有效成分稳定性的影响，这也是最常见的一种情况。比如，常见的碱性药剂波尔多液、石硫合剂，常见的碱性化肥氨水、碳酸氢铵的水溶液都呈碱性，多数农药一般对碱性比较敏感，不宜与之混用；常见的酸性药剂如硫酸铜、硫酸烟碱、乙烯利水剂等同样也不适合与酸性条件下不稳定的农药有效成分混用。例如2,4-钠盐或铵盐、2甲4氯钠盐等制剂不适合混用。又如立体构型较单一的高效氯氰菊酯、高效氯氟氰菊酯等一般只在很窄的 pH 值范围内（4~6）稳定，介质偏酸易分解，介质偏碱易会"转位",也不适合与上述偏酸或偏碱药剂混合使用。

除了上述两种情况之外,很多农药品种也不宜与含金属离子的药剂混用。例如,二硫代氨基甲酸盐类杀菌剂、2,4-D类除草剂与铜制剂混用可生成铜盐降低药效;甲基硫菌灵、硫菌灵可与铜离子络合而失去活性等。

(2)保证混用后药液良好的物理性状:任何农药制剂在加工生产时,一般只考虑该制剂单独使用时的物理化学性状及技术指标要求,不可能考虑到与其他制剂混用后各项技术指标是否仍符合相关标准要求。因此,任何制剂混合使用时都要考虑混用后对药液物理性状的影响。

一般而言,相同剂型的农药制剂使用相同或相似的表面活性剂,对水稀释后形成的药液也基本属于相同或相似的体系。因此,同种剂型间混用一般不会影响药液的物理性状。但对于不同剂型农药制剂的混用,情况就比较复杂;特别是分别对水稀释后形成的药液物理性状完全不同的制剂混用,就必须考虑混用后对药液物理性状的影响。例如,乳油和可湿性粉剂的混用,乳油对水稀释形成的是水包油微细液滴分散在水中形成的乳状液,而可湿性粉剂对水稀释形成的是微细农药颗粒悬浮在水中形成的悬浮液。这两种完全不同的体系混合后,就可能引起乳状液变差,出现浮油、沉淀等现象;或者影响悬浮液的悬浮性能,出现絮结、沉淀等现象。如果混用会造成药液物理性状恶化,如乳状液破乳、出现浮油,则肯定会影响药效,甚至造成药害。

(3)保证有效成分的生物活性:不同药剂往往具有不同的作用机制或不同的作用位点,如果混用不合理,药剂间产生了颉颃作用就会使药效降低,甚至失去活性。

例如杀虫隆、定虫隆、伏虫隆、氟虫脲和除虫脲属于苯酰基脲类昆虫几丁质合成抑制剂，其作用机制主要是通过抑制几丁质的合成或沉积以阻止新表皮的形成，从而使昆虫不能正常蜕皮而死亡；而抑食肼和米满属于双苯甲酰基肼类昆虫生长调节剂，其作用机理是促进幼虫蜕皮、抑制其取食而使幼虫死亡。属于两类化学结构不同、作用机理完全相反的化合物，在田间不可随意混合使用。

使用过程中因不合理混用影响药剂生物活性的例子也很多。例如敌稗与有机磷、氨基甲酸酯类农药混用或临近使用容易产生药害即是一个典型的例子。敌稗单独在水稻田使用比较安全，主要是因为水稻植株中有一种可以分解敌稗的酰胺酶，由于有机磷、氨基甲酸酯类农药对这种酶具有一定抑制作用，二者混用就会降低水稻对敌稗的降解作用而容易造成药害。

2. 农药制剂混用的方法

（1）优先选择同种剂型间产品混用。

（2）采用先加水再加药的方式配制药液，并充分搅拌、混合均匀。

（3）推荐使用剂量下，不同剂型间混用，需进行药液稳定性试验。

将混合后的药液放置30min，观察药液外观变化。如果无明显颜色、透明度、浮油、沉淀物等变化，则可对水稀释或混合使用。

此外，也可对光观察药液，判断药液中是否有结晶析出。如果无结晶析出，则可对水稀释或混合使用。

（4）不同剂型间混用时，先将一种剂型对水稀释后再加入另一种剂型混合。

（5）不同剂型桶混时，药液需在1h内喷施完毕。

（6）剂型间混合使用时，可参考表2-1所示。

表2-1　农药剂型混用参考表

品种		液体剂型			固体剂型		
		乳油	水乳剂	微乳剂	可湿性粉剂	水分散粒剂	悬浮剂
液体剂型	乳油	√	√	√	?	?	?
	水乳剂	√	√	√	?	?	?
	微乳剂	√	√	√	?	?	?
固体剂型	可湿性粉剂	?	?	?	√	√	√
	水分散粒剂	?	?	?	√	√	√
	悬浮剂	?	?	?	√	√	√

注："√"表示可以混用，"?"表示混用前需要进行药液稳定性试验

三、农药助剂

农药助剂有很多种，这里主要介绍田间使用农药时添加的农药助剂，也叫桶混助剂。

农药桶混助剂属于农药制剂混合使用的特例，是喷雾前添加在药桶（或喷雾器）中的助剂。这类助剂的种类繁多、用量大小不等、作用方式多种多样，但终级目标都是通过改善药液在待喷施作物或防治对象上的附着、展布或渗透（吸收）来提高药效。

（一）为什么要使用桶混助剂

主要是弥补农药在使用过程中药液对待喷施作物润湿性不足的缺陷。

农药制剂加工中虽然也使用了助剂，但这类助剂主要是为了优化农药的乳化性、悬浮性、湿润性等物理性状或指标，其种类和含量不一定能够满足药液对靶标动植物的湿润与展布。另外，制剂配方中能够加入的助剂种类和用量是有限的，而喷雾条件、

喷施作物、防治对象、水质、气候等则千差万别，仅靠加工助剂不可能完全满足农药制剂稳定与使用的所有要求。

正如前面所介绍的，在推荐使用剂量下，多数农药产品的药液难以在水稻、小麦、果树、甘蓝等难润湿作物叶面沾着并润湿展布，喷施后的药液容易从叶面滚落，从而影响防治效果。所以，使用助剂的主要目的就是弥补制剂药液使用中对待喷施作物润湿性不足的缺陷。

图 2-5 是在药液中添加颜料后拍摄的图片，可以直观地显示药液中添加助剂后对喷施作物（甘蓝）润湿性的改善。未加助剂的药液喷施在甘蓝叶片上，雾滴呈球形水珠，并逐渐由小到大聚并在一起（图 2-5a），然后水珠滚落至叶柄基部溢出（图 2-5b）；添加助剂后，药液对甘蓝叶片的润湿性得到改善，喷施到叶片上的雾滴不再呈球形水珠，也基本消除了聚并的趋势，形成较好的沉积状态（图 2-5c）。

（二）桶混助剂的选择与使用

  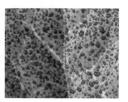

a 未加助剂药液的沉积形态　　　b 水珠滚落至叶柄基部溢出　　　c 添加助剂药液的沉积形态

图 2-5　农药药液中添加助剂前后药液在植物叶片呈现不同状态

目前，市场上销售使用的桶混助剂有很多种，生产或经销商一般都会给出具体的使用说明。需要注意的是，并不是所有的作物或者防治对象都需要使用桶混助剂。

上述说过，使用助剂的主要目的是弥补制剂药液使用中对待喷施作物润湿性不足的缺陷；如果选择的剂型或制剂的药液能够较好润湿待喷施作物，则不需要使用桶混助剂。否则，就会因为药液过度润湿、过度展布而流失，反而降低了喷施作物上的药剂量，最终影响了防治效果。

比如，水稻、小麦、蔬菜中的甘蓝和辣椒、果树中的苹果等属于难润湿（疏水）作物，在推荐使用剂量下，通常多数农药制剂的药液不能在其表面形成很好润湿，需要使用桶混助剂。但对于棉花、蔬菜中的黄瓜、番茄等易润湿（亲水）类作物，多数农药制剂的药液可以在其表面形成很好润湿，则不需要使用桶混助剂。

当然，如果使用低容量喷雾器械，或者采用低容量喷雾技术使用农药，也就是说，单位面积上喷施的药液量减少了，或者说喷出的雾滴更细且均匀了，则桶混助剂可以根据实际需要使用。

桶混助剂的选择与使用可以采用项目组研发的农药"润湿展布比对卡"（图2-6）。

图2-6 农药"润湿展布比对卡"

四、农药"润湿展布比对卡"使用说明

农作物种类多，不同作物的表面特性不同。农药商品多，不同的农药商品在一种作物上的润湿展布性能不同。因此，当农药被喷洒到农作物上时，雾滴的行为方式不同，而农药"润湿展布比对卡"，如图 2-6 所示，很好地反映了农药雾滴在作物表面的行为结果。农药雾滴只有粘附在作物表面并很好的润湿展布才能有最大的覆盖面积，达到最佳保护效果。

农药"润湿展布比对卡"的具体使用方法如下。

将按标签配制的药液点滴在水平放置的待喷施作物的叶片上，观察药液液滴的形状，并与"润湿展布比对卡"进行比对，如图 2-7 所示。

当药液液滴的形状介于 7~8、或者与 7 或 8 相符

图 2-7　药液液滴与润湿展布比对卡比较

时，表明所配制的药液能够在待喷施作物上润湿并展布，不必再在药液中加用助剂或只加少量的助剂。

当药液液滴的形状介于 5~6、或者与 5 或 6 相符时，表明所配制的药液能够润湿待喷施作物表面，但不能展布。

当药液液滴的形状介于 3~4、或者与 3 或 4 相符时，表明所配制的药液极易从待喷施作物滚落，只有少量的雾滴能够粘附在待喷施作物表面。

当药液液滴的形状介于 1~2、或者与 1 或 2 相符时，表明绝大多数的药液将从待喷施作物表面滚落，药液难以润湿并粘附在

待喷施作物上。

当药液液滴的形状介于 1~6 的范围时，可先在配制好的药液中少量逐次加入助剂，再将药液点滴在水平放置的待喷施作物的叶片上，观察药液液滴的形状，并与"润湿展布比对卡"进行比对，直至液滴形状介于 7~8、或者与 7 或 8 相符为止。记住加入的助剂量，作为同种农药品种在同一种待喷施作物上喷雾时，助剂用量的依据。

第三章　水稻细菌性条斑病防治

一、水稻细菌性条斑病发生与为害

近年来，在我国水稻主要产区，细菌性条斑病（以下简称为细条斑病）的发生呈现逐年上升趋势，发病面积已超过 13.33 万 hm²。一般减产 15%~25%，严重时可达 40%~60%。该病害已成为我国继稻瘟病、纹枯病和白叶枯病后的第四大水稻病害。

二、水稻细菌性条斑病诊断方法

（一）识别特征

叶片上病斑初期呈暗绿色水渍状半透明小斑点，后沿叶脉扩展形成暗绿色或黄褐色纤细条斑，宽 0.5~1mm，长 3~5mm，病斑上生出很多细小的露珠状深蜜黄色菌脓。病斑通常界限在叶脉之间，对光观察呈透明状。严重时病斑联合，田间远看一片火红色，如图 3-1a 和图 3-1b 所示。

a　　　　　　　　　　　　　　b

图 3-1　水稻细菌性条斑病

（二）侵染循环

病原菌在病种子、病残体或自生稻上越冬，成为来年发病的初侵染源。病种子播种后，病菌自植株芽鞘、叶鞘侵入。秧苗移栽后，病菌被带入大田。病原菌主要经过气孔或伤口侵入。借风、雨、露、叶片泌水、叶片接触和媒介昆虫等蔓延传播，也可通过灌溉水和雨水传播到其他田块。

三、水稻细菌性条斑病发生条件

（一）发生时间

发生时期与水稻生育期密切相关。在江苏省、安徽省等地，常年7月中旬始见，个别年份会提前在7月上旬开始发病，8月初进入发病高峰，8月上中旬为显症高峰；抽穗扬花期病情发展缓慢，9月上中旬出现第二发病高峰，主要为害上部两张叶片，总体发病趋势表现为马鞍型曲线。

（二）栽培管理

田间近距离传播因刮风下雨天气而加剧。另外，在叶面露水未干时进行农事操作，人为传播是主要原因。远距离传播主要由于不规范引种、调种引起。

高温、高湿有利于发病，偏施氮肥，深灌水加重发病。品种间发病差异明显，杂交籼稻发病最多最重，常规粳稻未见病，高秆品种比矮秆品种抗病，对白叶枯病抗性良好的品种大多数对细条斑病也有抗性。细条斑病多为单独发生，一般不与水稻白叶枯病混合发生。

四、水稻细菌性条斑病防治技术

(一)常规防治技术

植物检疫、种子处理可以有效控制细条斑病长距离扩散、种子传病。

近年来,各地狠抓植物检疫,重视种子处理,对水稻细条斑病的防控已初见效果。

我国地域辽阔,不同产区水稻细条斑病发生规律存在一定的差异,因此,对水稻细条斑病的防控对策必然存在一定的地域性。单季稻、双季早稻,均需要重视种子处理。双季晚稻,应重视对田间发病中心的及时防治。

(1)种子处理药剂:氯溴异氰尿酸可湿粉、二硫氰基甲烷乳油、强氯精粉剂和石灰水等。

(2)田间用药选用药剂:10%或20%叶枯唑可湿粉、50%消菌灵粉剂、20%或40%噻唑锌悬乳剂和60%噻唑锌水分散颗粒剂等。

(二)高效安全施药技术

1. 配方选药技术

鉴于目前作物细菌病害化学防治可选药剂极为稀少,用于水稻细条斑病防治的药剂不超过10种,加上农用抗生素逐步被停用,根据本项目研究结果,细条斑病菌对杀菌剂的敏感性已日趋下降。水稻细条斑病防控药剂选择策略是:为数不多的几种药剂(见附录表1)轮换使用。

2. 高效施药技术

用机动喷雾器水平喷雾,每$667m^2$大概用药液量为10~20L,

用雾滴密度测试卡评价喷施质量；桶混时加 0.05% 有机硅（杰效利），以提高药液在水稻植株表面的展布效果，并用农药药液黏着展布对比卡（润湿卡）评价。

（1）润湿卡的使用说明：当药液液滴在喷施作物部位沉积形态达到图 3-2a 和图 3-2b 比对卡中 7 或 8 时，助剂用量最为适宜。具体用法：水稻叶片水平放置，将配好的药液点滴于叶片表面。当液滴形态介于 1~6 时，在配制好的药液中少量逐次加入助剂，再比较液滴形状，直至介于 7 和 8 之间或者与 7~8 相符止。

a   b

图 3-2 润湿展布比对卡

（2）雾滴密度测试卡的使用说明：将"雾滴卡"根据喷雾器的喷洒范围分散置于水稻叶片上，喷雾后用配备的标准雾滴卡与其进行比对，当接近标准雾滴卡上的雾滴分布状态时，即表示药液对靶沉积良好，喷雾均匀周到。

附录表 1 防治水稻细菌性条斑病推荐药剂

序号	药剂名称	通用名	用量	使用时期	使用方法
1	50% 氯溴异氰尿酸可湿粉	氯溴异氰尿酸	1：1 000	播种前	浸种
2	5.8% 二硫氰基甲烷乳油	二硫氰基甲烷	1：4 000	播种前	浸种
3	85% 强氯精粉剂	三氯异氰脲酸	1：300~500	播种前	浸种

序号	药剂名称	通用名	用量	使用时期	使用方法
4	50% 氯溴异氰尿酸可湿粉	氯溴异氰尿酸	1:1 000~1 500	发病初期	对水喷雾
5	10%、20% 叶枯唑可湿粉	噻枯唑	1:600	发病初期	对水喷雾
6	20%、40% 噻唑锌悬乳剂	噻唑锌	1:600	发病初期	对水喷雾
7	60% 噻唑锌水分散颗粒剂	噻唑锌	1:800	发病初期	对水喷雾

第四章　水稻白背飞虱防治

一、水稻白背飞虱发生与为害

白背飞虱是飞虱科昆虫的 1 种。分布很广，在中国南起海南省北至黑龙江省均有发生，如图 4-1a、图 4-1b 和图 4-1c 所示。东北地区一年发生 3 代，福建省、广西壮族自治区以及海南省 6~8 代。不耐低温，在中部与北部地带不能过冬。在广西壮族自治区、福建省以及海南省等地以卵在杂草内越冬。在广西壮族自治区、福建省以及海南省等地可终年为害；湖南省及以北地区，水稻白背飞虱主要为害早稻、中稻孕穗期前和（或）晚稻封行前，以成虫和若虫群栖稻株基部刺吸汁液，造成稻叶叶尖褪绿

a　白背飞虱取食稻株基部　　　b　白背飞虱取食中稻为害

c　白背飞虱传播病毒病为害中稻（绝收）

图 4-1　白背飞虱为害中稻状况

变黄，早稻发生严重时全株枯死，一般不形成所谓"冒穿"。

二、水稻白背飞虱诊断方法

（一）识别特征

后足胫节末端有一个可活动的片状距。体连翅长约 4mm，雄虫体背黄白色，前胸背板前侧区有一新月形暗褐色斑纹，中胸背板两侧区黑褐色，腹面黑褐色；雌虫腹面黄褐色，背面黄白色，中胸背侧区为浅黑褐色。雌、雄虫前翅皆微黄褐几乎透明，有时端部具烟褐晕，两翅合拢时，在结合缘的中部有一短条形的黑褐色翅斑。与稻飞虱最明显区别是，白背飞虱的复眼后，背板中间有一灰白色线，如图 4-2a 和图 4-2b 所示。

a

b

图 4-2　白背飞虱识别特征

（二）病害发生特点

早稻穗期受害还可造成抽穗困难，枯孕穗或穗变褐色，秕谷多等为害状。中晚稻主要造成稻叶叶尖褪绿变黄，造成减产。此外，近年来，白背飞虱传播的病毒病，对中晚稻为害非常严重，造成中晚稻矮缩、叶片深绿、茎秆出现乳白色瘤状物、无法抽穗或穗小、严重时可造成绝收。

三、水稻白背飞虱发生条件

（一）发生时间

每年5月底至6月间是水稻白背飞虱传播病毒病高发期，此时需要注意观察，及时施药防治。

（二）栽培管理

不同品种的水稻种植密度大小不一，抗性水平、种植期不相同以及偏施氮肥，田间积水期过长等为水稻白背飞虱提供了适宜的生存环境。

四、水稻白背飞虱防治技术

（一）常规防治技术

1. 农业防治

（1）提倡选用抗虫品种：抗虫品种可以与其他防治措施相结合，控制白背飞虱的发生，减少农药用量，降低成本。

（2）水稻健身栽培：目的是创造一个利于作物发育而不利于有害生物发育的环境。水稻健身栽培包括合理施肥（配方施肥）、适时排水晒田、合理密植、培育健壮秧苗等。

（3）生物防治：利用有害生物的天敌可控制白背飞虱的发生和为害。晚稻移栽缓苗后至抽穗前，可实行稻鸭共育，控草防病治虫。

（4）防治关键：结合农村的实际情况，做到连片种植，便于集中防治。

2. 化学防治

（1）防治指标：水稻分蘖期 1 000~1 500 头 / 百丛、孕穗期 500~1 000 头 / 百丛、抽穗期至灌浆期 1 000 头 / 百丛，乳熟期 1 500 头 / 百丛。

（2）施药时期：选用高效低毒、低残留农药，在 2~3 龄若虫盛期施药。

（3）药剂选择：掌握不同类型稻田白背飞虱发生情况和天敌数量。推荐使用：①前期预防：25% 噻嗪酮 WP，既杀虫又杀卵，真正做到治标又治本；强势（25% 吡虫噻嗪酮 + 保密助剂，破口前喷施一次，破口后喷施一次可管一季没有白背飞虱）；②暴发时使用预防和速效性药物：如叶蝉散、速灭威、马拉硫磷；③或用呋喃丹作根区施药。

（4）施用方法：每 667m^2 对水 60~70kg，对准稻株中下部喷施，田间保持 3~5cm 水层 5d 左右，当气温高于 28℃时，可用 80% 敌敌畏拌土进行熏蒸。

（二）高效安全施药技术

白背飞虱的常规化学防治通常选用单一药剂或者已登记的复配制剂，但药剂选择不当，以及实际施用过程中使用方法不正确，防治很难达到理想效果。

2009 年以来，公益性行业（农业）科研专项《农药高效安全科学施用技术》项目研究团队经近 5 年的协作攻关，通过常用防治药剂对白背飞虱敏感性时空变异的研究，科学筛选出对白背飞虱具有理想防效的单剂和现场桶混药剂优选配方，研发了防治药剂的敏感度快速监测试剂盒，可以科学快速选择防治药剂。结合药剂湿润卡以及展布卡，提出了一整套高效安全防治白背飞虱的田间适期施药和精准施药技术体系。

1.科学选药

科学选用有效单剂或桶混优选配方是高效安全防治白背飞虱的前提条件。

（1）白背飞虱对防控药剂敏感性快速诊断技术：项目组自2009 年以来，研发了白背飞虱对防控药剂敏感性快速诊断技术，可以提供白背飞虱对药剂吡虫啉、噻虫嗪、噻嗪酮、烯啶虫胺、异丙威的敏感性快速诊断试剂盒，为快速科学的选择防治白背飞虱的药剂提供前提（图4-3）。

图4-3 试剂盒内生物测定管

该试剂盒使用方案简单，能够在短时间内（3h）比较白背飞虱对这五种药剂的敏感度（图4-4）。选择敏感度高的药剂进行白背飞虱防控，可以达到减少农药用量，高效控制白背飞虱为害的效果。

快速诊断试剂盒的使用方法：将试剂盒拆封，除去试剂盒内生物测定管口的封口膜，放入田间采集的白背飞虱若虫 10~15 头，用棉塞封口至封口线 ,3h 后观察白背

图4-4 快速诊断试剂盒

飞虱死亡率。死亡率越高，表明白背飞虱对该药剂敏感度越高。

（2）选用安全高效的单剂：根据 2009~2012 年常用杀虫剂对白背飞虱的敏感性测定结果，下列单剂可作为有效防治白背飞虱的药剂优先推荐使用：

① 25% 噻 嗪 酮 WP。20~30 g/667m^2，每 667m^2 对 水 45~60kg，喷雾。

② 10% 吡 虫 啉 WP。10~20 g/667m^2，每 667m^2 对 水 45~60kg，喷雾。

③ 25% 阿 克 泰 WG。3~4 g/667m^2，每 667m^2 对 水 45~60kg，喷雾。

④ 10% 烯啶虫胺 AS（AS 的中文名）。15~18 g/667m^2，每 667m^2 对水 45~60kg，喷雾。

（3）使用优选的桶混配方：为了避免或延缓白背飞虱对杀虫剂的敏感性降低，提高防治效果，延长药剂的使用年限，项目组以 4 个有效单剂为复配药剂，科学筛选出 3 个对白背飞虱具有理想防效的现场药剂桶混优选配方。

① 25% 扑虱灵（噻嗪酮）WP 和 20% 异丙威 EC（有效成分 5：1）。田间现场桶混时，分别按扑虱灵 260 g/hm^2 和异丙威 52 g/hm^2 的制剂用量加水稀释后喷雾。

② 25% 阿克泰（噻虫嗪）WG 和 10% 世高（烯啶虫胺）AS（有效成分 1：7）。田间现场桶混时，分别按阿克泰 15 g/hm^2 和世高 105 g/hm^2 的制剂用量加水稀释后喷雾。

③ 25% 扑虱灵（噻嗪酮）WP 和 10% 世高（烯啶虫胺）AS（有效成分 4：6）。田间现场桶混时，分别按扑虱灵 208 g/hm^2 和世高 312 g/hm^2 的制剂用量加水稀释后喷雾。

（4）选用合适剂型和助剂：农药合适的剂型和助剂可以提高田间防效，水稻为难润湿作物，应优先选用液体制剂，助剂的应用则从本田期即开始应用，一般使用有机硅等助剂效果好，使用有机硅助剂时须适当减少用药量才能保证防效。

为帮助农户选择合适的剂型、助剂以及桶混时助剂的最佳使用量，项目组研究发明了"润湿展布比对卡"，这是一种快速检测判断药液的对靶沉积即湿润展布情况的技术，其使用方法如下。

①将药剂按推荐用量稀释后，取少许药液点滴在水平放置的水稻叶片上，观察药液液滴的形状，并与"润湿展布比对卡"（图4-5）进行比对。

图4-5　湿润展布比对卡

②药液迅速展开，液滴的形状介于7~8、或者与7或8相符时，表明所配制的药液能够在水稻叶片上黏附并展布，可直接喷雾使用。

③药液不能迅速展开，液滴的形状介于1~6的范围时，可在配制好的药液中少量逐次加入助剂（商品名：加劲，如图4-6所示），比较液滴形状，

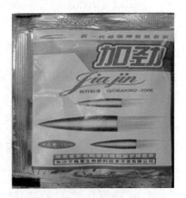

图4-6　加入农药液体中的助剂"加劲"实物图

直至介于 7~8 或者与 7 或 8 相符后，再进行喷雾。

2. 精准施药

精准施药是控制白背飞虱的有效保障。农药的科学使用应做到高效、安全和精准，高效是前提，安全是条件，精准是途径。因此，精准施药时要求做到"三准"：一是药剂选用要准，二是药液配兑要准，三是田间喷雾要准。

（1）药剂选用要准：药剂选用要准，即要"对症下药"。农户应根据当地历年防治白背飞虱药剂的使用情况，正确选择有效单剂或桶混优选配方进行交替轮换使用（推荐药剂及桶混配方如附录表 2 所示）。

（2）药液配兑要准：药液配兑时要求准确计量和正确稀释。药液配兑前应仔细阅读说明书，严格按推荐剂量和施药面积准确量取药液和稀释剂（水），保证计量准确。正确稀释农药，既可以使某些难溶或用量较少的农药得以充分溶解、混合均匀，以提高防治效果，还可以避免或减轻药害的发生，减少中毒的危险。

药液配兑稀释时，要坚持采用"母液法"即两级稀释法。

①一级稀释。准确量取药剂加入桶、缸等容器，然后加入适量的水（2kg 左右）搅拌均匀配制成母液。

②二级稀释。将配制的母液加入桶、缸等容器，再加入剩余的水搅拌，使之形成均匀稀释液。

使用背负式喷雾器时，可以在药桶内直接进行两次稀释。先在喷雾器内加少量（2kg）的水，再加入准确量取的药剂，充分摇匀，然后将剩余的水加入搅拌混匀后使用。

（3）田间喷雾要准：田间喷雾时，应在病害发生初期及时用药，并力求做到对靶喷雾和均匀周到。

①喷药时间。一般选择 16:00 以后喷药，早上叶片有露水不

宜喷药，中午日照强，药液挥发快，不宜喷药。若喷药后24 h内降雨，雨后天晴还应补喷才能收到良好的防治效果。

②喷雾质量。"雾滴密度测试卡"和"雾滴密度比对卡"是项目组针对药液在田间实际喷雾效果而研制的一种快速检测农药喷雾质量的技术，可供农民直接使用。此卡除检测雾滴分布、雾滴密度及覆盖度外，还可用来评价喷雾机具喷雾质量以及测定雾滴飘移。使用方法如下。

喷雾前根据喷雾器的喷洒范围将"雾滴测试卡"分散置于水稻植株上（图4-7a和图4-7b），喷雾结束后，待纸卡上的雾滴印迹晾干后，收集测试卡，观测，并与配备的"标准雾滴卡"进行比对。

a　　　　　　　　　　　　　　b

图4-7　雾滴测试卡

（4）使用雾滴密度测试卡和雾滴密度比对卡时应注意事项。

①使用中，请戴手套及口罩操作，防止手指汗液及水汽污染卡片。

②使用时，可用曲别针或其他工具将测试卡固定于待测物上，不可长时间久置空气中，使用时应现用现取。

③喷雾结束后，稍等片刻待测试卡上雾滴晾干后，及时收集纸卡，防止空气湿度大导致测试卡变色，影响测试结果；如果测

试卡上雾滴未干，不可重叠放置，也不可放在不透气的纸袋中。

④室外使用时，阴雨天气或空气湿度较大时不可使用。

⑤实验结束后，若要保存测试卡，可待测试卡完全干燥后密封保存。

⑥不用时，测试卡应放置在阴凉干燥处，隔绝水蒸气以防失效。

3. 防治指标

近年来，白背飞虱传播的病毒病为害严重，白背飞虱的防治指标应比稻飞虱防治指标更严格。从 5 月底至 6 月的 1 个多月间是白背飞虱传播病毒病高发期，此时的防治指标推荐为 50~100 头 / 百丛。

附录表 2　防治白背飞虱推荐药

序号	药剂名称	通用名	用量	使用时期	使用方法
1	25% 噻嗪酮 WP	噻嗪酮	20~30g/667m²	早稻：孕穗期和齐穗期 中稻：分蘖期、孕穗期	喷雾
2	10% 吡虫啉 WP	吡虫啉	10~20g/667m²	早稻：孕穗期和齐穗期 中稻：分蘖期、孕穗期	喷雾
3	25% 阿克泰 WG	噻虫嗪	3~4g/667m²	早稻：孕穗期和齐穗期 中稻：分蘖期、孕穗期	喷雾
4	10% 烯啶虫胺 AS	烯啶虫胺	15~18g/667m²	早稻：孕穗期和齐穗期 中稻：分蘖期、孕穗期	喷雾
5	增效组合（噻嗪酮：异丙威 = 5:1）	–	20~30g/667m²	早稻：孕穗期和齐穗期 中稻：分蘖期、孕穗期	桶混喷雾
6	增效组合（噻虫嗪：烯啶虫胺 = 1:7）	–	10~15g/667m²	早稻：孕穗期和齐穗期 中稻：分蘖期、孕穗期	桶混喷雾
7	助剂	有机硅	30ml/667m²	喷施农药时	与农药桶混，喷雾

第五章 水稻褐飞虱防治

一、水稻褐飞虱发生与为害

褐飞虱是一种以水稻或野生稻为食的单食性害虫，每年3月下旬开始迁入我国南方地区，随着气流依次向北迁飞。通过刺吸水稻汁液引起水稻"虱烧"，同时传播草丛矮缩病和齿叶矮缩病两种病毒病，取食和产卵造成伤口有利纹枯病和小球菌核病侵染为害，排泄的"蜜露"，易诱导煤烟病滋生，是水稻上最主要的害虫之一。褐飞虱以长翅型成虫进行远距离迁飞传播，短翅型成虫进行田间繁殖。每年6月中旬到7月初褐飞虱迁入到长江流域稻区，在长江中下游地区，每年发生3~5代，一般年份主害代为第五代，重发生年份褐飞虱可形成第4~5代两个主害代。每年9月上旬至10月上旬，水稻处于灌浆抽穗期，褐飞虱种群数量急剧增加，达到全年虫量的最高峰，易造成水稻严重受害。孕穗至开花期的水稻最适于褐飞虱的繁殖和发育。褐飞虱的发生具有爆发性和灾难性的特点。

据有关资料统计，褐飞虱常年为害面积在 2 000 万 hm^2 以上，造成稻谷产量损失数十亿千克，褐飞虱对水稻的为害，主要是通过减少水稻有效穗数和粒数，降低千粒重，最终表现为产量下降。褐飞虱喜温暖高湿的气候条件，在相对湿度80%以上，气温20~30℃时，生长发育良好，尤其以26~28℃最为适宜，温度过高、过低及湿度过低，不利于其生长发育，尤以高温干旱影响更大，故夏秋多雨，盛夏不热，晚秋暖和，则有利于褐飞虱的发生为害。

二、水稻褐飞虱诊断方法

（一）识别特征

水稻褐飞虱卵、若虫及成虫特征识别，如图5-1a、图5-1b、图5-1c和图5-1d所示。

（1）卵：卵产在叶鞘和叶片的组织内，单列排列成行，称为卵条。卵粒呈香蕉形，卵帽高大于宽，初产时为乳白色，渐变成褐色，并出现红色眼点。

（2）若虫：分5龄。体长卵圆形，体色有深、浅两型。3龄以后色型差异更为显著。深色型体深褐色，腹部背面斑纹暗褐

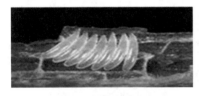 

a 卵   b 若虫

c 成虫（短翅）   d 成虫（长翅）

图5-1 水稻褐飞虱卵、若虫及成虫

（图片来源 http://plant.gdcct.gov.cn/bchzhfz/201007/t20100714_308155.html）

色；浅色型体淡黄色，体背面斑纹不明显。

①1龄若虫：体长1.1mm、体黄白色，腹部背面有一倒'凸"形浅色斑纹，后胸显著较前中胸长，中后胸后缘平直，无翅芽。

②2龄若虫：体长1.5mm。初期体色同1龄，倒"凸'形斑内渐现褐斑，后期体黄色至暗褐色，倒"凸"形斑渐模糊。翅芽不明显，后胸稍长，胸后缘略向前凹。

③3龄若虫：体长2.0mm，黄褐色至暗褐色，腹部4~5节有1对较大的浅色斑纹，第7节至第8节的浅色斑呈"山"字形。翅芽已明显，中后胸后缘向前凹成角状，前翅芽尖端不到后胸后缘。

④4龄若虫：体长2.4mm。体色斑纹同3龄。斑纹清晰，前翅芽尖端伸达后胸后缘。

⑤5龄若虫：体长3.2mm。体色斑纹同3龄4龄若虫。前翅芽尖端伸达腹部第3节至第4节，前后翅芽尖端相接近，或前翅芽稍超过后翅芽。

（3）成虫：成虫分为长翅型和短翅型。

①长翅型雄虫体长2.5mm，连翅长4.2mm；雌虫体长3.5mm，连翅长4.0mm。深色型体褐色至黑褐色；浅色型体黄褐色。

②短翅型雄虫体长2.6mm，雌虫体长3.2mm。深色型体暗褐色或黑褐色；浅色型体黄褐色或褐色。前翅一般伸达背部第5节至第6节。

（4）成虫头、胸部背面特征：头顶略呈长方形，中长微大于基部宽。前胸背板与头顶近于等长。两侧脊端部向侧方向弯曲，不伸达后缘。深色型的头顶及前胸背板褐色，中胸背板暗褐色，侧脊外方侧区黑褐色。浅色型全部黄褐色。

（二）褐飞虱的生活史

水稻褐飞虱生长发育特点，如图5-2所示。

（1）卵：在25~28℃的条件下，卵产下后8~9d，若虫开始孵化出来。

（2）若虫：在25~28℃的条件下，褐飞虱若虫期为12~15d，每龄若虫的龄期为2~4d。

（3）成虫：成虫期为10~20d，雌成虫羽化后有3~5d的产卵前期，雌成虫一生产卵300~600粒，最多为1 000多粒。

（4）越冬：褐飞虱在我国广东省、广西壮族自治区和海南省等少数温暖地区越冬，根据褐飞虱在我国越冬情况，可以分为：①终年繁殖区（海南省南部）；②少量越冬区（广东省、广西壮族自治区、海南省等地）；③不能越冬区。

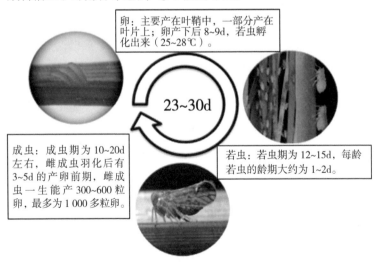

卵：主要产在叶鞘中，一部分产在叶片上；卵产下后8~9d，若虫孵化出来（25~28℃）。

23~30d

若虫：若虫期为12~15d，每龄若虫的龄期大约为1~2d。

成虫：成虫期为10~20d左右，雌成虫羽化后有3~5d的产卵前期，雌成虫一生能产300~600粒卵，最多为1 000多粒卵。

图5-2　水稻褐飞虱的生长发育特点

（图片来源 http://www.IRAC.com; baoping zhai, nanjing a griculture university）

（5）迁飞：我国的褐飞虱虫源是每年从中南半岛（Indo-China Peninsula）迁飞而来。每年3月中下旬随着气流迁入我国南方地区（广东省和广西壮族自治区南部），4月中下旬至5月北迁到珠江流域及闽南地区；5月中下旬至6月初，迁入到两广南部和南岭地区；6月中下旬至7月初再一次北迁到南岭以北以及长江以南地区；7月中上旬迁到长江流域和淮河流域；7月中下旬至8月初，褐飞虱再一次北迁到江淮间和淮北地区。8月下旬至9月上旬褐飞虱开始从北方稻区回迁。9月下旬至10月上旬，由江淮间和长江中下游稻区迁到南岭地区，从10月中旬起，褐飞虱由江南、岭北迁到华南以及更南稻区。

（6）发生世代：在长江中下游地区褐飞虱每年发生4~5代，每年6月中下旬开始迁入长江中下游地区，每年9月上旬至10月上旬，水稻处于灌浆抽穗期，褐飞虱种群数量急剧增加，达到全年虫量的最高峰，易造成水稻严重受害。孕穗至开花期的水稻最有利于褐飞虱的繁殖和发育。

三、水稻褐飞虱发生条件

（一）气候因素

褐飞虱喜湿，生长与繁殖的适温为20~30℃，最适温度为26~28℃，相对湿度80%以上。褐飞虱灾变的气候条件为"盛夏不热，晚秋不凉，夏秋多雨"。

（二）栽培制度

水稻栽培制度是影响褐飞虱发生的重要因素。在亚洲热带地区，成功实现了由两季稻转三季稻，褐飞虱种群可以全年连续发生，为北迁增加了虫口基数；在我国南方稻区扩大了双季稻和山区单季稻的种植面积，在北方实行旱田改水田，为褐飞虱提供了充足的食源，同时又为褐飞虱的回迁提供了大量的虫源。

（三）栽培技术

水稻种植密度大，偏施氮肥，长期积水等为褐飞虱提供了适宜的生存环境。

（四）天敌因素

褐飞虱的天敌种类多，例如：稻虱缨小蜂、褐腰赤眼蜂、瓢虫、盲蝽等，对褐飞虱的发生和为害有较好的控制作用。

（五）品种因素

不同品种的水稻，抗性水平、生育期、农艺性状、种植期不一样，从而导致褐飞虱的发生量不一样。一般来说，杂交稻重于常规稻，粳稻重于籼稻，矮秆品种重于高秆品种。

四、水稻褐飞虱防治技术

（一）农业防治

（1）提倡选用抗虫品种：抗虫品种可以与其他防治措施相结合，控制褐飞虱的发生，减少农药用量，降低成本。

（2）水稻健身栽培：目的是创造一个利于作物发育而不利于有害生物发育的环境。水稻健身栽培包括合理施肥（配方施肥）、适时排水晒田、合理密植、培育健壮秧苗等。

（3）生物防治：利用有害生物的天敌可控制褐飞虱的发生和为害。晚稻移栽缓苗后至抽穗前，可采用稻鸭共育技术，控草防病治虫。

（4）结合农村的实际情况，做到连片种植，便于集中防治。

（二）化学防治

褐飞虱繁殖潜力大，在适宜的条件下，短期内种群数量可以迅速增长，暴发成灾，化学防治是防治褐飞虱的有效手段。褐飞虱的化学防治要落实"狠治主害前代压基数，严防主害代控为害"的措施。

1. 褐飞虱防治时期及注意事项

根据监测调查结果和病虫防治指标，选择高效、低毒、环境友好型农药，对褐飞虱进行有效防治。防治害虫时应放宽分蘖期，重点保护抽穗期，特别是9月份以后。水稻孕穗抽穗期百丛虫量800~1 000头时，于低龄若虫高峰期施药防治；压前控后的前代控制指标为每百丛虫量50~100头时进行防治。每个农药品种每季使用不超过3次，避免产生抗药性。防治褐飞虱，封行后应分厢对准稻株基部喷药，施药后田间保持浅水层2~3天，以保证防治效果。中晚稻生长期间气温高、日照充足，田间作业应选择在清晨和傍晚进行，避免正午高温时喷药，并做好防护，避免农药生产性中毒事故。杜绝国家明令禁止的高剧毒农药以及拟除虫菊酯类农药在稻田使用。由于褐飞虱是迁飞性害虫，采取专业化防治和群防群治相结合措施，集中抓好统防统治、联防联治。

2. 防治药剂

目前，防治褐飞虱的药剂较多，农户可根据当地褐飞虱的发生情况和历年药剂的使用情况轮换选用下列药剂。

① 50%吡蚜酮可湿性粉剂8~12g/667m^2，每667m^{2}对水60kg喷雾。

② 20%烯啶虫胺水剂20~30g/667m^2，每667m^{2}对水60kg喷雾。

③20%醚菊酯悬浮剂40~50g/667m²，每667m²对水60kg喷雾。

④20%噻虫胺悬浮剂30~40g/667m²，每667m²对水60kg喷雾。

⑤40%噻虫啉悬浮剂12~17g/667m²，每667m²对水60kg喷雾。

⑥30%异丙威悬浮剂100~130g/667m²，每667m²对水60kg喷雾。

⑦20%呋虫胺可溶粒剂20~40g/667m²，每667m²对水60kg喷雾。

⑧25%噻虫嗪水分散粒剂2~4g/667m²，每667m²对水60kg喷雾。

⑨9.7%乙虫腈悬浮剂30~40g/667m²，每667m²对水60kg喷雾。

⑩200g/L丁硫克百威乳油200~250g/667m²，每667m²对水60kg喷雾。

⑪50%敌敌畏乳油40~60g/667m²，每667m²对水60kg喷雾。

⑫80%仲丁威乳油35~45g/667m²，每667m²对水60kg喷雾。

⑬40%毒死蜱乳油80~122g/667m²，每667m²对水60kg喷雾。

（三）高效安全科学施药技术

褐飞虱的常规化学防治通常选用经销商推荐的药剂，但药剂的选择、稀释以及施用不当，往往很难达到良好的防治效果。

2009年以来，公益性行业（农业）科研专项《农药高效安全科学施用技术》项目研究团队经近5年的协作攻关，科学筛选出对褐飞虱具有理想防效的单剂和现场桶混优选配方，提出了一整套高效安全防治褐飞虱技术体系，见附录表 3 和附录表 4。

1. 科学选药

科学选药是前提，长期使用单一杀虫剂防治褐飞虱，会导致褐飞虱的敏感性降低（或抗药性产生）。因此，根据褐飞虱对常用杀虫剂的敏感性变化，科学选用有效单剂或桶混配方施药技术是高效安全防治褐飞虱的前提条件。

（1）选用安全高效的单剂：根据 2009~2012 年常用杀虫剂对褐飞虱的敏感性测定结果，下列单剂可作为有效防治褐飞虱的药剂优先推荐使用。

① 50% 吡蚜酮可湿性粉剂 8~12g/$667m^2$，每 $667m^2$ 对水 60kg 喷雾。

② 20% 烯啶虫胺水剂 20~30ml/$667m^2$，每 $667m^2$ 对水 60kg 喷雾。

③ 48% 毒死蜱乳油 80~100ml/$667m^2$，每 $667m^2$ 对水 60kg 喷雾。

④ 20% 噻虫胺悬浮剂 30~50ml/$667m^2$，每 $667m^2$ 对水 60kg 喷雾。

⑤ 50% 的敌敌畏乳油 40~50ml/$667m^2$，每 $667m^2$ 对水 60kg 喷雾。

⑥ 48% 的噻虫啉悬浮剂 12~20ml /$667m^2$，每 $667m^2$ 对水 60kg 喷雾。

（2）使用优选的桶混配方：为了避免或延缓褐飞虱对杀虫剂的敏感性降低，提高防治效果，延长药剂的使用年限，项目组筛选出对褐飞虱具有增效作用的药剂桶混配方。

烯啶虫胺与阿维菌素在田间桶混时，取 20% 的烯啶虫胺水剂 12ml 和 1.8% 的阿维菌素乳油 67ml/$667m^2$ 对水喷雾。

毒死蜱与噻虫胺在田间桶混时，取 40% 毒死蜱乳油 100ml 和 50% 噻虫胺水分散粒剂 $2g/667m^2$ 对水喷雾。

吡蚜酮与辛硫磷田间桶混时，取 50% 吡蚜酮可湿性粉剂 15g 和 50% 辛硫磷乳油 $30ml/667m^2$ 对水喷雾。

吡蚜酮与噻虫啉田间桶混时，取 50% 吡蚜酮可湿性粉剂 8g 和 48% 噻虫啉悬浮剂 $8.5ml/667m^2$ 对水喷雾。

（3）选用合适剂型和助剂：水稻为疏水作物，合适的农药剂型和助剂可以改善药液对水稻的润湿性，减少雾滴飘移，增加雾滴分布的均匀性，增进药液在植物叶片和害虫体表的渗透性，从而提高药剂的田间防效，剂型应优先选用液体制剂，助剂一般使用有机硅或 TX-10、杰效利等助剂效果好，使用有机硅等助剂时须适当减少施用的药液量才能保证防效，达到省水、省药的目的。

为帮助农户选择合适的剂型、助剂以及桶混时助剂的最佳使用量，项目组研究发明了"润湿展布比对卡"，这是一种快速检测判断药液在作物表面湿润展布情况的技术，其使用方法如下。

①将药剂按推荐用量稀释后，取少许药液点滴在水平放置的水稻叶片上，观察药液液滴的形状，并与"润湿展布比对卡"（图5-3a 和图5-3b）进行比对。

②药液迅速展开，液滴的形状介于 7~8、或者与 7 或 8 相符

 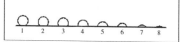

a　　　　　　　　　　b

图5-3　润湿展布比对卡

时，表明所配制的药液能够在水稻叶片上黏附并展布，可直接喷雾使用。

③药液不能迅速展开，液滴的形状介于 1~6 的范围时，可在配制好的药液中少量逐次加入助剂，比较液滴形状，直至介于 7~8、或者与 7 或 8 相符后，再进行喷雾。

2. 施药时期

适期施药是关键。药剂的施药时间是否恰当，直接影响褐飞虱的防治效果，如果施药时间选择不当，即使药剂选择正确也不能取得好的防效。因此，褐飞虱的施药适期应把握"压前控后和狠治主害代"的原则。田间施药时，推荐选用上述安全高效的单剂和药剂桶混优选配方。

（1）根据预测预报进行防治：根据每年的防治经验和植保站的预测预报对褐飞虱进行防治，在低龄若虫始盛至高峰期进行防治。

（2）根据田间虫量及时施药：褐飞虱是典型的 r- 型害虫，繁殖力强，在适宜的条件下，短期内种群数量可以迅速增长，暴发成灾。在褐飞虱大发生期间农民应经常到田里查看水稻褐飞虱的情况（特别是在孕穗时期，在孕穗时期短翅型褐飞虱大量出现，易暴发成灾），发现每丛水稻上虫量为 8~12 头时，进行化学防治。

3. 配方施药技术

（1）药剂选择：药剂选用要准，由于化学防治一直是防治褐飞虱的最有效的手段，在化学药剂长期、连续的选择压下，褐飞虱已经对多种常用药剂产生了抗药性。而在褐飞虱防治时，农户往往不能选择有效的药剂进行防治。为此，项目组研制了可以快速检测褐飞虱对药剂敏感性的快速检测试剂盒。用于快速、简便、省时省力判断水稻褐飞虱对烯啶虫胺、呋虫胺、异丙威、毒死蜱、噻嗪酮等药剂的敏感性，为合理选择防治药剂及用药量提供依据。

（2）操作方法：把搪瓷盘放于稻丛基部，拍打稻丛，褐飞虱将落于搪瓷盘中，将20头大小一致、健康的褐飞虱三龄若虫放入到已经制备好药膜的带盖小瓶中（图5-4a和图5-4b），盖上盖子，90min后检查结果。

取20~30头褐飞虱放入到检测试剂盒内，盖上盖子，90min后检查结果。

死亡率大于80%，说明褐飞虱对药剂敏感；死亡率小于80%说明褐飞虱对药剂的敏感性降低。

a   b

图5-4　水稻褐飞虱配方选药诊断试剂盒

在烯啶虫胺诊断试剂盒中，如果褐飞虱的死亡率大于80%，则表明该地区的水稻褐飞虱对烯啶虫胺的敏感性高，可以用常规用药量对褐飞虱进行防治；如果褐飞虱的死亡率等于或小于80%，则表明褐飞虱对烯啶虫胺的敏感性低，在田间防治褐飞虱时需要增大烯啶虫胺的用药量或是改用其他的药剂对褐飞虱的进行防治。其他药剂的诊断试剂盒的使用方法同上。

（3）施用药液量的选择："雾滴密度测试卡"和"雾滴密度比对卡"是项目组针对药液在田间实际喷雾效果而研制的一种快速检测农药喷雾质量的技术，此技术可以确定农民在防治害虫时施用的药液量，此卡可供农民直接使用（图5-5a、图5-5b和图5-6）。使用方法如下。

害虫能否死亡取决于农药药剂能否达到致死剂量。在水稻田

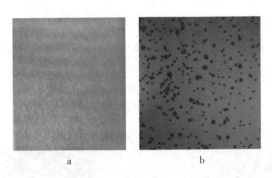

图 5-5　雾滴测试卡喷雾前后对比图

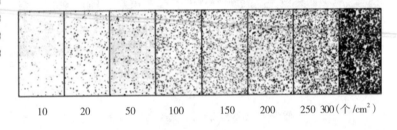

10　　　20　　　50　　　100　　　150　　　200　　　250 300（个 /cm²）

图 5-6　雾滴密度比对卡

中施用的药液量较少时，害虫不能充分接触药剂；但是，药液量过多时，害虫不能接触到的流失的药剂就是浪费，因此使用雾滴密度卡可以通过雾滴密度来确定药液的施用量。喷雾前根据喷雾器的喷洒范围将"雾滴测试卡"分散置于水稻植株上部的叶片上，喷雾结束后，待纸卡上的雾滴印迹晾干后，收集测试卡，观测计数，并与配备的"标准雾滴卡"进行比对，水稻上防治褐飞虱时，雾滴密度控制在 150~200 粒 /cm² 即可。

使用雾滴密度测试卡和雾滴密度比对卡时应注意以下事项。

①使用中，请戴手套及口罩操作，防止手指汗液及水汽污染卡片。

②使用时，可用曲别针或其他工具将测试卡固定于待测物

上，不可长时间久置空气中，使用时应现用现取。

③喷雾结束后，稍等片刻待测试卡上雾滴晾干后，及时收集纸卡，防止空气湿度大导致测试卡变色，影响测试结果；如果测试卡上雾滴未干，不可重叠放置，也不可放在不透气的纸袋中。

④室外使用时，阴雨天气或空气湿度较大时不可使用。

⑤实验结束后，若要保存测试卡，可待测试卡完全干燥后密封保存。

⑥不用时，测试卡应放置在阴凉干燥处，隔绝水蒸气以防失效。

附录表3　长江中下游地区褐飞虱配方施药技术表

防治对象	防治时期	单剂或混剂	药剂用量	使用方法	桶混助剂	用量及判定
褐飞虱	6月中下旬至7月上旬	20%烯啶虫胺水剂	20~30ml/667m²	喷雾	有机硅	0.01%~0.05%润湿卡
		30%异丙威悬浮剂	100~130g/667m²			
	7月中下旬至8月上旬	50%吡蚜酮可湿性粉剂	8~12g/667m²	喷雾	有机硅	0.01%~0.05%润湿卡
		40%的毒死蜱乳油	80~120ml/667m²			
	8月中下旬至9月上旬	烯啶虫胺+阿维菌素	20%的烯啶虫胺水剂12ml和1.8%的阿维菌素乳油67ml/667m²	喷雾	有机硅	0.01%~0.05%润湿卡
		毒死蜱+噻虫胺	48%毒死蜱乳油92ml和50%噻虫胺水分散粒剂2g/667m²			
	9月中旬以后	吡蚜酮+辛硫磷	50%吡蚜酮可湿性粉剂15g和50%辛硫磷乳油30ml/667m²	喷雾	有机硅	0.01%~0.05%润湿卡
		吡蚜酮+噻虫啉	50%吡蚜酮可湿性粉剂8g和48%噻虫啉悬浮剂8.5ml/667m²			

附录表 4 防治褐飞虱的常用药剂一览表

通用名	商品名	剂型及含量	适用作物	防治对象	每667m²每次制剂施用量或稀释倍数（有效成分浓度）	施药方法	每季作物最多使用次数	最后一次施药距收获的天数（安全间隔期）	实施要点说明
呋虫胺	莫比朗	20%乳油	水稻	蚜虫、褐飞虱	2 000~2 500倍液（12~15mg/L）	喷雾	3	2	
仲丁威	巴沙	50%乳油	水稻	褐飞虱、蓟马	80~160ml	喷雾	4	21	
噻嗪酮	优乐得	25%可湿性粉剂	水稻	褐飞虱、叶蝉	20~30g	喷雾	2	14	
丁硫克百威	好年冬	20%乳油	水稻	褐飞虱	200~250ml	喷雾	1	30	
醚菊酯	多来宝	20%乳油	水稻	褐飞虱	30~45ml	喷雾		14	滴施时滴在稻田灌溉水中
吡虫啉	康福多	20%浓可溶剂	水稻	稻白背飞虱	6.7~10ml	喷雾	2	7	
氯噻啉	米乐尔	3%颗粒剂	水稻	褐飞虱、三化螟	1000g	撒施	3	28	拌毒土撒施
异丙威	叶蝉散	2%粉剂	水稻	褐飞虱、叶蝉	1500~3000g	喷粉	3	14	
稻丰散	爱乐散	50%乳油	水稻	褐飞虱、叶蝉	100~150ml	喷雾	4	7	

| 农药 | | | 适用作物 | 防治对象 | 每667m² 每次制剂施用量或稀释倍数（有效成分浓度） | 施药方法 | 每季作物最多使用次数 | 最后一次施药距收获的天数（安全间隔期） | 实施要点说明 |
通用名	商品名	剂型及含量							
噻嗪酮+异丙威	优佳安	25% 可湿性粉剂	水稻	褐飞虱	100~150g	喷雾	2	21	
吡蚜酮	飞电	50% 水分散粒剂	水稻	褐飞虱	20~24g	喷雾	3	7	
烯啶虫胺		10% 水剂	水稻	褐飞虱	1.5~2g	喷雾	3	7	
敌敌畏		50% 乳油	水稻	褐飞虱	40~60g	喷雾	3	7	
噻虫嗪	阿克泰	25% 水分散粒剂	水稻	褐飞虱	2~4g	喷雾	2	10	
噻虫胺		20% 悬浮剂	水稻	褐飞虱	30~50g	喷雾	2	—	
噻虫啉		40% 悬浮剂	水稻	褐飞虱	12~17g	喷雾	2	7	
呋虫胺		20% 可溶粒剂	水稻	褐飞虱	20~40g	喷雾	2	—	
乙虫腈		9.7% 悬浮剂	水稻	褐飞虱	30~40g	喷雾	2	—	

第六章　水稻灰飞虱防治

一、水稻灰飞虱发生与为害

灰飞虱属于同翅目飞虱科，是水稻上的主要害虫之一。主要分布区域，南自海南省，北至黑龙江省，东自我国台湾省和东部沿海各地，西至新疆维吾尔自治区均有发生，以长江中下游和华北地区发生较重。成、若虫均以口器刺吸水稻汁液为害，一般群集于稻丛中上部叶片，近年发现部分稻区水稻穗部受害亦较严重，虫口大时，稻株汁液大量丧失而枯黄，同时因大量蜜露洒落附近叶片或穗上而孳生霉菌。灰飞虱是传播条纹叶枯病等多种水稻病毒病的媒介，所造成的为害常大于直接吸食为害。为害作物有水稻、小麦、大麦、玉米、高粱、甘蔗，还取食看麦娘、游草、稗草、双穗雀稗等禾本科植物。近年来，对玉米的为害呈逐步上升的趋势。

二、水稻灰飞虱诊断方法

（一）识别特征

水稻灰飞虱卵、若虫及成虫特征识别，如图 6-1a、图 6-1b和图 6-1c 所示。

（1）卵：呈长椭圆形，稍弯曲，长 1.0 mm，前端较细于后端，初产乳白色，后期淡黄色。

（2）若虫：共 5 龄。

①1 龄若虫体长 1.0~1.1mm，体乳白色至淡黄色，胸部各节

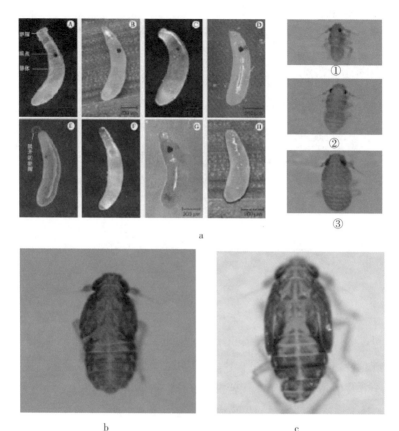

图6-1　水稻灰飞虱卵、若虫及成虫

背面沿正中有纵行白色部分。

②2龄若虫体长1.1~1.3mm，黄白色，胸部各节背面为灰色，正中纵行的白色部分较第1龄明显。

③3龄若虫体长1.5mm，灰褐色，胸部各节背面灰色增浓，正中线中央白色部分不明显，前、后翅芽开始呈现。

④4龄若虫体长1.9~2.1mm，灰褐色，前翅翅芽达腹部第1节，后胸翅芽达腹部第3节，胸部正中的白色部分消失。

⑤5龄若虫体长2.7~3.0mm，体色灰褐增浓，中胸翅芽达腹

部第 3 节后缘并覆盖后翅，后胸翅芽达腹部第 2 节，腹部各节分界明显，腹节间有白色的细环圈。越冬若虫体色较深。

（3）成虫：长翅型体长（连翅）雄虫 3.5 mm，雌虫 4.0 mm；短翅型体长雄虫 2.3 mm，雌虫 2.5 mm。

（二）成虫外体特点

头顶与前胸背板雄虫为黄色，雌虫则中部淡黄色，两侧暗褐色。前翅近于透明，具翅斑。胸、腹部腹面雄虫为黑褐色，雌虫为黄褐色，足皆淡褐色。

三、水稻灰飞虱发生条件

（一）发生时间

在我国由北向南年发生 4~8 代，北方地区 4~5 代。在各地均可越冬。北方地区越冬若虫于 4 月中旬至 5 月中旬羽化，迁向草坪产卵繁殖，第 1 代若虫于 5 月中旬至 6 月大量孵化，5 月下旬至 6 月中旬羽化，第 2 代若虫于 6 月中旬至 7 月中旬孵化，并于 6 月下旬至 7 月下旬羽化为成虫，第 3 代于 7 月至 8 月上、中旬羽化，第 4 代若虫在 8 月中旬至 11 月孵化，9 月上旬至 10 月上旬羽化，有部分则以 3 龄和 4 龄若虫进入越冬状态，第 5 代若虫在 10 月上旬至 11 月下旬孵化，并进入越冬期，全年以 9 月初的第 4 代若虫密度最大，大部分地区多以第 3 龄、第 4 龄和少量第 5 龄若虫在田边、沟边杂草中越冬。

（二）气候因素

灰飞虱属于温带地区的害虫，耐低温能力较强，对高温适应性较差，其生长发育的适宜温度在 28℃左右，冬季低温对其越冬若虫影响不大，在辽宁盘锦地区亦能安全越冬，不会大量死亡，

在 −3℃且持续时间较长时才产生麻痹冻倒现象，但除部分致死外，其余仍能复苏。当气温超过 2℃无风天晴时，又能爬至寄主茎叶部取食并继续发育，在田间喜通透性良好的环境，栖息于植物植株的部位较高，并常向田边移动集中，因此，田边虫量多，成虫翅型变化较稳定，越冬代以短翅型居多，其余各代以长翅型居多，雄虫除越冬代外，其余各代几乎均为长翅型成虫。

（三）繁殖特点

成虫喜在生长嫩绿、高大茂密的地块产卵。雌虫产卵量一般数十粒，越冬代最多，可达 500 粒左右，每个卵块的卵粒数，由 1~2 粒至 10 余粒，大多为 5~6 粒，能传播黑条矮缩病、条纹叶枯病、小麦丛矮病、玉米粗短病及条纹矮缩病等多种病毒病。

四、水稻灰飞虱防治技术

防治灰飞虱单靠一种措施很难控制其为害，必须采取综合防治的技术才能奏效。所谓综合防治，就是以农业防治为基础，在创造不利于发生灰飞虱繁殖的环境条件，及推广抗虫品种和保护利用自然天敌的同时，经济、合理地使用化学农药。要使各项防治措施协调配套，从而提高整体防治效果。

（一）农业防治

选用抗（耐）虫品种；健康控虫栽培，合理肥水管理，施足基肥，因苗追肥，避免偏施氮肥，防止水稻后期贪青徒长，过于茂密；根据水稻生长情况，适时烤田，降低田间湿度，恶化灰飞虱发生环境；彻底清除秧田及本田内的稗草，并在水稻收获后马上犁翻稻田，以杀死遗留于稻田的若虫及成虫。

（二）化学防治

1.常规防治技术

化学防治是水稻灰飞虱防治最有效的措施，生产上常规防治药剂有吡虫啉、敌敌畏等。但是，单一药剂重复施用使灰飞虱对药剂的敏感度发生变化，农民或技术人员往往不能有效地选择药剂及使用量，导致防治效果不好或浪费农药，给农产品安全带来极大的隐患；农药的不科学混用导致农药投入量增加，有时会出现药害和农药对农产品的复合污染，同时对环境和非靶标生物还会造成巨大的影响；药剂分子在靶标生物体上沉积率低，导致农药流失严重、有效利用率低，存在严重的环境污染问题。

2.高效安全施药技术

（1）配方选药及桶混技术：2009-2013年，辽宁省农业科学院植物保护研究所开展水稻灰飞虱配方选药与桶混技术研究工作，研究结果表明，防治灰飞虱最适药剂为25%吡蚜酮可湿性粉剂，最适剂量为300g/hm^2，48%毒死蜱乳油，最适剂量为1 200ml/hm^2，最适药剂组合为（25%吡蚜酮WP75g+50%烯啶虫胺60g）/hm^2、（25%吡蚜酮WP75g+48%毒死蜱EC750ml）/hm^{2}和（48%毒死蜱EC600ml+5%丁烯氟虫腈EC450ml）/hm^2，最适防治时间为灰飞虱2龄若虫期，最适防治方法为喷雾处理，统一防治（附录表5）。经多点多次调查，对灰飞虱若虫的防治效果达95%以上，该防治技术已经在辽宁省稻区全面推广应用，取得了良好的防治效果。

（2）高效施药技术：用机动喷雾器下倾喷雾每667 m^{2}大概用药液量为10~20L，用雾滴密度测试卡评价喷施质量；桶混时加0.25% TX-10，以提高药液在水稻植株表面的展布效果，并用农药药液黏着展布比对卡（润湿卡）评价。

润湿卡的使用说明：当药液液滴在喷施作物部位沉积形态达到图6-2a和图6-2b比对卡中7或8时，助剂用量最为适宜。具体用法：水稻叶片水平放置，将配好的药液点滴于叶片表面。当液滴形态介于1~6时，在配制好的药液中少量逐次加入助剂，再比较液滴形状，直至介于7~8、或者与7或8相符止。

a

b

图6-2　湿润展布比对卡

雾滴密度测试卡的使用说明：将"雾滴卡"根据喷雾器的喷洒范围分散置于水稻叶片上，喷雾后用配备的标准雾滴卡与其进行比对，当接近标准雾滴卡上的雾滴分布状态时，即表示药液对靶沉积良好，喷雾均匀周到。

附录表5　水稻灰飞虱防治配方施药技术推荐表

序号	药剂名称	用量	使用时期	使用方法
1	25% 吡蚜酮 WP	20g/667m²	2~3 龄若虫期	喷雾
2	50% 烯啶虫胺	6g/667m²	2~3 龄若虫期	喷雾
3	25% 噻虫嗪 WG	6g/667m²	2~3 龄若虫期	喷雾
4	5% 丁烯氟虫腈 EC	50ml/667m²	2~3 龄若虫期	喷雾
5	48% 毒死蜱 EC	80ml/667m²	2~3 龄若虫期	喷雾
6	25% 吡蚜酮 +50% 烯啶虫胺	（5g+4g）/m²	2~3 龄若虫期	喷雾
7	25% 吡蚜酮 +48% 毒死蜱	（5g+50 ml）/m²	2~3 龄若虫期	喷雾
8	48% 毒死蜱 +5% 丁烯氟虫腈	（40ml+30 ml）/667m²	2~3 龄若虫期	喷雾

第七章　水稻二化螟防治

一、水稻二化螟发生与为害

二化螟又名钻心虫、蛀心虫、蛀秆虫、白穗虫，广泛分布于我国南北稻区，是目前影响我国水稻稳产、高产的主要虫害之一，主要分布在湖南省、湖北省、四川省、江西省、浙江省、福建省、江苏省、安徽省以及贵州省、云南省等长江流域及其以南主要稻区。食性较杂，以幼虫蛀入稻株茎秆中取食为害为主。

苗期、分蘖期呈现"枯鞘"和"枯心苗"，孕穗期成为"死孕穗"、"枯孕穗"，抽穗期出现"白穗"，乳熟期至成熟期造成"虫伤株"。一般年份减产 3%~5%，严重时减产 30% 以上。

据统计，我国稻螟为害面积年平均约在 1 500 万 hm^2 以上，造成总经济损失约 115 亿元，其中，二化螟为害约占 2/3。

二化螟年发生代数因地理纬度和海拔高度不同而异。在江西省大多数县 1 年发生 3 代，赣北稻区一年发生 3 代，赣中稻区一年发生 4 代，部分 3 代，赣南稻区发生完整的 4 代。但在赣北、赣中海拔 700m 以上的山区，仅发生 2 代。二化螟在江西省每年发生面积达 66.67 万 ~173.33 万 hm^2，防治面积达 100 万 ~180 万 hm^2 次，防治后仍然年损失稻谷高达 4 万 ~7 万 t。

二、水稻二化螟诊断方法

（一）识别特征

正确识别二化螟是提高防治效果的前提，二化螟一生共经过4个虫态。

（1）卵：扁椭圆形，数十至百多粒卵粘连在一起，作鱼鳞状排列，其上覆盖透明胶质。水稻苗期卵多产于叶片近端部，圆秆拔节期则产卵于离水面6~9cm的水稻叶鞘上。初产时呈乳白色，近孵化时呈灰黑色，如图7-1a和图7-1b所示。

a　　　　　　　　　　　　b

图7-1　二化螟初产卵块及孵化前卵块

（2）幼虫：初孵幼虫淡褐色，被深灰长毛，称为蚁螟。大龄幼虫背面有5条紫褐色纵纹，系识别的主要特征（图7-2）。

（3）成虫：是一种中小型蛾子（图7-3a），体长12~15mm，雌虫前翅灰黄色，其外缘有7个小黑点，系识别的主要特征，后

图 7-2　二化螟幼虫

翅灰白色。触角雌蛾丝状，雄蛾先端数节呈锯齿状，如图 7-3b
和图 7-3c 所示。

a　　　　　　　b　　　　　　　c

图 7-3　二化螟成虫及雌雄成虫翅脉

（4）蛹：圆筒形，初化蛹时黄褐色，后变为红褐色，腹部背

a　　　　　　　b

图 7-4　二化螟蛹

面和侧面有 5 条褐色纵线。臀刺扁平，背面有 2 个角状突起，端部有刺毛 1 对（图 7-4a 和图 7-4b）。

（二）发生特点

1. 江西稻区各代二化螟发生时间

二化螟在不同稻区各代成虫发生期不同（表 7-1）。

表 7-1　二化螟各代发蛾期

稻区	第一代	第二代	第三代	第四代
赣北	4 月中旬至 6 月上旬	6 月中旬末至 8 月上旬	8 月上旬至 9 月下旬	10 月上中旬（少数）
赣中北	4 月上中旬至 5 月下旬	6 月中旬至 7 月下旬	7 月下旬至 8 月下旬	9 月初至 10 月中旬
赣西	4 月下旬至 5 月中旬	7 月初至 7 月中旬	9 月初至 9 月底	—
赣南	3 月末至 5 月上中旬	5 月下旬至 7 月中旬	7 月中旬至 8 月中旬	8 月下旬至 10 月上旬

2. 越冬

二化螟主要以大龄幼虫在稻蔸、稻草中越冬，也可以在茭白残株等寄主植物茎秆中、树皮裂缝等处越冬。

3. 成虫趋光性和趋嫩绿习性

二化螟成虫昼伏夜出，20:00~21:00 时最为活跃，对黑光灯等光源有强烈的趋性。雌蛾有很强的趋嫩绿习性，喜选择生长茂密、叶色浓绿、茎秆粗壮、植株高大且处于分蘖期和孕穗期的水稻上产卵。

4. 产卵主要对象田

二化螟代别不同，产卵对象田不尽相同（表 7-2）。

表 7-2　二化螟各代成虫产卵主要对象田

代别	主要产卵对象田
1	早发年份且早稻移栽期较晚，主要产卵于早稻秧田；中迟发年份且早稻移栽期较早，主要产卵于生长旺盛的早稻本田
2	早栽一晚、杂交稻夏季制种田、杂交早稻田、二晚杂交稻秧田
3	二晚杂交稻秧田、早栽二晚本田、一季晚稻田
4	迟熟杂交稻和常规稻田

5.为害症状

幼虫孵化后，由水稻叶鞘缝隙侵入，群集于叶鞘内侧取食为害。2龄幼虫开始蛀入稻株内取食，为害症状因水稻生育期不同而异，如图7-5a、图7-5b、图7-5c和表7-3所示。

a　　　　　　　　b　　　　　　　　c

图 7-5　二化螟为害造成的枯心苗及白穗

表 7-3　二化螟为害水稻症状

水稻生育期	为害症状
苗期、分蘖期	枯鞘、枯心
孕穗期	死孕穗、枯孕穗
抽穗期	白穗
乳熟期	虫伤株

6.化蛹羽化

幼虫老熟后在稻株茎秆内化蛹，化蛹部位一般在离水面3cm

稻茎内，蛹经过 5~7d 即羽化为成虫。

三、水稻二化螟发生条件

二化螟发生、为害轻重除与自身生物学特性有关外，还和外界环境条件的优劣有密切的关系。

（一）气候因素

春季低温多雨，发生期推迟，越冬幼虫死亡率较高；夏季高温干旱，对幼虫生长发育、雌蛾产卵、蚁螟孵化不利，发生和为害明显减轻；稻田水温超过 35℃，枯鞘、枯心内的幼虫大量死亡；大风暴雨，稻田积水，对成虫产卵、幼虫生长发育不利，导致成虫和幼虫大量死亡。

（二）栽培制度

同一稻区水稻栽培制度复杂，单、双季稻混栽，桥梁田多，食料丰富，有利于虫源的积累，发生多，为害重。

（三）水稻类型

与常规稻相比，杂交稻茎秆粗壮，组织疏松，叶鞘较大，营养条件较好，蚁螟侵入率高，幼虫生长发育快，羽化的成虫产卵多，有利于二化螟大发生。

（四）水稻生育期

水稻易受害的生育期（分蘖期、孕穗期）与蚁螟盛孵期吻合，蚁螟侵入率高，为害重。

（五）夏耕灭茬耕作制度

双季稻区早稻收割后即进行夏耕灭茬，可将大量二代二化螟幼虫消灭于化蛹羽化之前，大大压缩 3 代二化螟的发生基数。

（六）天敌因素

二化螟卵期、幼虫期、蛹期天敌种类多，数量大，对其发生和为害有明显的自然控害效果。

四、水稻二化螟防治技术

二化螟的防治应认真贯彻"预防为主，综合防治"的植保工作方针。

（一）常规防治技术

1. 农业防治

（1）消灭越冬虫源，减少发生基数：其措施包括晚稻收割时齐泥割稻；稻田种植冬种作物时翻耕细耙灭螟；适当提早春耕沤田，灭杀在稻兜中越冬的幼虫；在越冬代螟蛾羽化前及时处理稻草、茭白残株和田边杂草，灭杀越冬幼虫。

（2）栽培治螟：其措施包括简化水稻栽培制度，避免单、双季稻混栽，减少二化螟繁殖源田；调整和优化水稻品种和栽插期，使水稻易受害的生育期（分蘖期和孕穗期）与蚁螟盛孵期错开，避过或减轻螟害。

（3）因地制宜措施：种植抗（耐）螟水稻品种。

2. 诱杀防治

（1）灯光诱杀：在稻田安装黑光灯、频振式杀虫灯等诱杀螟蛾，将其消灭在产卵之前。黑光灯一般每 2~3hm² 稻田装灯一盏。频振式杀虫灯一般每 4~5 hm² 稻田安装一盏。

（2）二化螟性信息素诱杀雄蛾：一般每公顷稻田放置诱杀盆15个左右。

3. 生物防治

生物防治主要包括合理、科学使用农药,保护二化螟天敌,充分发挥天敌对二化螟的控害效果以及采用稻鸭共育技术治虫。

4. 常规药剂防治技术

(1)防治策略:二化螟发生4代的稻区,防治策略为"狠"治1代,"挑"治2代,"巧"治3代,控制4代;发生3代的稻区,防治策略为"挑"治1代,"狠"治2代,控制3代。

(2)防治指标:二化螟药剂防治时,为了避免滥用农药、节约防治成本,减少化学农药对环境的污染,延缓害虫抗药性以及降低药剂对天敌的杀伤力,必须严格按防治指标施药,未达防治指标的田块坚决不施药。

水稻分蘖期防治指标为:枯鞘率、枯心株率2%~3%,或枯鞘丛率8%。水稻穗期防治指标为:每100m²稻田有5块卵或每667 m²有卵60块。达到上述防治指标的田块必须用药防治。

(3)重点防治对象:二化螟雌蛾产卵有明显的选择性,水稻类型、生育期、长相不同,着卵量相差悬殊。江西省稻区各代二化螟重点防治对象田如表7-4所示。

表7-4 各代二化螟重点防治田

代别	重点防治对象田
1	早发年份,早稻秧田;中迟发年份,移栽早,生长浓绿的早稻本田
2	早栽一晚、杂交稻夏季制种田、杂交早稻田、二晚杂交稻秧田
3	二晚杂交稻秧田、早栽二晚本田、一季晚稻田
4	迟熟杂交稻和常规稻田

(4)常用药剂:防治二化螟的杀虫剂种类繁多,农户可根据当地虫情,历年用药情况,螟虫抗药性,有计划、有目的轮换使

用下列杀虫剂，如表 7-5 所示。

表 7-5　二化螟常用防治药剂

序号	药剂名称	每 667m² 制剂用量	施药方式
1	40% 水胺硫磷乳油	90~150 ml	喷雾
2	25% 杀虫双水剂	200 ~ 250 ml	喷雾
3	5% 杀虫双颗粒剂	1 kg	撒施
4	80% 杀虫单 可溶性粉剂	40~80 g	喷雾
5	20% 三唑磷乳油	100~150 ml	喷雾
6	50% 稻丰散乳油	100~120 ml	喷雾
7	20% 氯虫苯甲酰胺悬浮剂	10 ml	喷雾
8	50% 杀螟硫磷乳油	75~100 ml	喷雾
9	30% 乙酰甲胺磷乳油	200~300 ml	喷雾
10	1.8% 阿维菌素乳油	100~150 ml	喷雾
11	480 g/L 毒死蜱乳油	80~100 ml	喷雾
12	2% 甲维盐乳油	6~10 ml	喷雾
13	20% 虫无影乳油	35~40 ml	喷雾
14	25% 喹硫磷乳油	150 ml	喷雾
15	20% 敌百虫·辛硫磷乳油	100~150 ml	喷雾
16	20% 毒死蜱·三唑磷乳油	100~150 ml	喷雾

上述杀虫剂施药时，水稻苗期对水 30 kg，穗期对水 50 kg，常规喷雾防治。

（二）高效安全科学施药技术

防治二化螟的杀虫剂种类繁多，过去使用过的农药品种至少有 30 种，常用的也有 10 多种，主要分属于有机氯、有机磷、有机氮和苯基吡唑 4 类化合物。当前，药剂治螟存在的主要问题：一是长期、大量、反复使用同一类杀虫剂；二是药剂混配技术和田间施药技术不规范，盲目混配，随意加大单位面积用药量和增加使用次数，从而导致螟虫对杀虫剂敏感度的下降，防治效果明显下降等弊端。

为了解决上述问题，2009 年以来，公益性行业（农业）科研专项《农药高效安全科学施用技术》项目研究团队经过近 5 年的协作攻关，通过不同稻区二化螟对常用防治药剂敏感性时空变异的研究，科学筛选出对二化螟具有理想防效的单剂和现场桶混药剂优选配方，在总结前人药剂治螟经验的基础上，提出了一整套高效安全科学治螟技术体系。

1. 科学选药

（1）选用高效、安全的杀虫剂单剂：根据 2009~2012 年对不同稻区二化螟对常用防治药剂敏感性监测的结果，下列单剂可作为有效防治二化螟的首选杀虫剂（表 7-6）。

表 7-6　水稻二化螟防治药剂单剂推荐表

序号	药剂名称	每 667m² 有效成分用量	施药方式
1	80 g/L 毒死蜱乳油，40% 毒死蜱乳油	35~45 g	喷雾
2	20% 氯虫苯甲酰胺水溶性乳剂	2 g	喷雾
3	1% 甲维盐水乳剂，5% 甲维盐微乳剂	0.3~0.4 g	喷雾
4	1.8% 阿维菌素乳油	2~3 g	喷雾

（2）优选桶混配方的使用：为了提高药剂治螟的效果，延缓二化螟对防治药剂敏感性的降低，延长药剂的使用年限，项目组以 4 种有效单剂进行复配，筛选出如下 4 种对二化螟具有明显增效作用的田间药剂桶混优选配方（表 7-7）。

表 7-7　水稻二化螟桶混配方推荐表

序号	桶混配方	每 667m² 制剂用量	施药方式
1	480 g/L 毒死蜱乳油:20% 氯虫苯甲酰胺水溶性乳剂（有效成分 10:1）	毒死蜱 21 ml 和氯虫苯甲酰胺 5 ml	喷雾

序号	桶混配方	每 667m^2 制剂用量	施药方式
2	1.8% 阿维菌素乳油：20% 氯虫苯甲酰胺水溶性乳剂（1:1）	阿维菌素 56 ml 和氯虫苯甲酰胺 5 ml	喷雾
3	480 g/L 毒死蜱乳油：5% 甲维盐微乳剂（1:1）	阿维菌素 1 ml 和甲维盐 6 ml	喷雾
4	1.8% 阿维菌素乳油：480 g/L 毒死蜱乳油（1:1）	阿维菌素 110 ml 和毒死蜱 5 ml	喷雾

使用过程中，以桶混配方和单剂轮换使用，保证同一药剂在水稻一季生产中只用一次。

（3）选用合适助剂：农药田间使用中，合适助剂的加入可以提高田间防效。水稻为难润湿作物，一般使用有机硅或 TX-10 助剂效果好。

为帮助农户选择合适的助剂以及桶混时助剂的最佳使用量，项目组研究发明了"润湿展布比对卡"，这是一种快速检测判断药液的对靶沉积即湿润展布情况的技术，其使用方法如下。

①将药剂按推荐用量稀释后，取少许药液点滴在水平放置的水稻叶片上，观察药液液滴的形状，并与"润湿展布比对卡"（图 7-6a 和图 7-6b）进行比对。

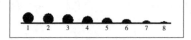 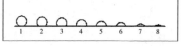

a   b

图 7-6   湿润展布比对卡

②药液迅速展开，液滴的形状介于 7~8、或者与 7 或 8 相符时，表明所配制的药液能够在水稻叶片上粘附并展布，可直接喷雾使用。

③药液不能迅速展开，液滴的形状介于 1~6 的范围时，可在配制好的药液中少量逐次加入助剂，比较液滴形状，直至介于 7~8、或者与 7 或 8 相符后，再进行喷雾。

2. 施药适期

二化螟系一种钻蛀性害虫，适时施药是提高防治效果的关键。施药适期因发生量、卵盛孵高峰峰次、水稻生育期不同而异。

水稻苗期防治枯鞘、枯心，药剂防治宜迟不宜早。二化螟一般发生年份，施药适期以蚁螟盛孵高峰后 4~6d，药杀效果最好；同一类型田有 2 个盛孵高峰，且间隔时间较长，应针对两个高峰各施药 1 次。大发生年份，施药适期以蚁螟盛孵高峰或盛孵高峰后 2~3d 药杀效果最好，其后隔 6~7d 再施药 1 次。

水稻穗期防治死孕穗、白穗、虫伤株，药剂防治宜早不宜迟。二化螟一般发生年份，卵孵高峰期施药防效最好；二化螟大发生年份，需防治 2 次才可确保水稻高产稳产，第一次施药适期为卵盛孵高峰前 2~3d，其后隔 5~7d 再施药 1 次。

3. 确保施药质量

施药质量好坏是确保防治效果的一个重要环节，决不能掉以轻心。施药时必须认真做好如下几点。

（1）严格按照有效浓度配药或单位面积用药量配药：不要随意降低或提高用药浓度或单位面积用药量。所选杀虫剂如为乳剂或水剂，可用量杯量取药量，如为粉剂或颗粒剂则用天平称取药量。

（2）确保单位面积用水量（药剂稀释液）：水稻苗期植株矮小，喷施药液量 30 kg/667m^2，水稻穗期植株高大，喷施药液量提高到 50 kg/667m^2。

（3）1天中喷药时间以选取 16:00 以后喷药，防效最好。早晨稻叶上有露水不宜喷药，中午温度高，太阳直射稻株，药液挥发快，防效下降。喷药后 24h 内降雨，天晴后需补喷 1 次。

（4）选用雾化程度好的喷雾器：喷雾量好坏，农户可用"雾滴密度卡"（图 7-7a 和图 7-7b），监测喷雾质量"雾滴分布、雾滴密度和覆盖度"以及测定雾滴飘移情况。雾滴密度卡对比卡使用方法如下。

喷雾前根据喷雾器的喷洒范围将"雾滴测试卡"分散贴于水

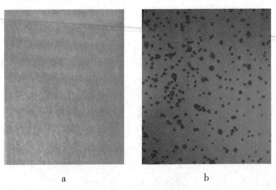

a   b

图 7-7　雾滴测试卡喷雾前后对比图

稻叶面上，喷雾结束后，待纸卡上的雾滴印迹晾干后，收集测试卡，观测计数，并与配备的"标准雾滴卡"进行比对，水稻上防治病害时，雾滴密度控制在 200~240 个 /cm² 即可（图 7-8）。

使用雾滴密度测试卡和雾滴密度比对卡时应注意以下几点。

①使用中，请戴手套及口罩操作，防止手指汗液及水汽污染卡片。

②使用时，可用曲别针或其他工具将测试卡固定于待测物上，不可长时间久置空气中，使用时应现用现取。

③喷雾结束后，稍等片刻待测试卡上雾滴晾干后，及时收集

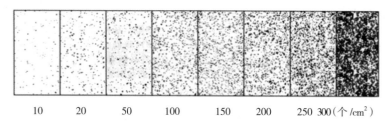

10   20   50   100   150   200   250 300（个 /cm²）

图 7-8　雾滴密度比对卡

纸卡，防止空气湿度大导致测试卡变色，影响测试结果；如果测试卡上雾滴未干，不可重叠放置，也不可放在不透气的纸袋中。

④室外使用时，阴雨天气或空气湿度较大时不可使用。

⑤实验结束后，若要保存测试卡，可待测试卡完全干燥后密封保存。

⑥不用时，测试卡应放置在阴凉干燥处，隔绝水蒸气以防失效。

第八章 水稻纹枯病防治

一、水稻纹枯病发生与为害

水稻纹枯病是水稻重要病害之一，广泛分布于世界各产稻区。我国水稻纹枯病发病面积近 1 600 万 hm^2，每年损失稻谷近 1100 万 t。随着矮秆品种和杂交稻的推广种植以及施肥水平的提高，纹枯病发生日趋严重，尤以高产稻区受害更甚。纹枯病主要引起鞘枯和叶枯，使水稻结实率降低，瘪谷率增加，粒重下降，一般减产 5%~10%，发生严重时，减产超过 30%。

二、水稻纹枯病诊断方法

（一）识别特征

水稻纹枯病从秧苗期至穗期均可发生，以抽穗期前后为甚，主要为害叶鞘、叶片，严重时可侵入茎秆并蔓延至穗部。叶鞘发病先在近水面处出现水渍状暗绿色小点，逐渐扩大后呈椭圆形或云形病斑。条件适宜时，病斑迅速扩展成大型不规则云纹状病斑，边缘暗绿色，中央灰绿色。天气干燥时，边缘褐色，中央草黄色至灰白色。发病叶鞘因组织坏死，可引致叶片枯黄。叶片病斑与叶鞘病斑相似。叶片发病严重时，叶片早枯，可导致稻株不能正常抽穗，并可造成倒伏或整株枯死，如图 8-1a、图 8-1b 和图 8-1c 所示。

a 纹枯病早、中期症状　　b 纹枯病后期症状　　c 纹枯病晚期症状

图 8-1　水稻纹枯病各发病阶段特征识别

（二）纹枯病显微镜检特点

湿度大时，病部长有白色蛛丝状菌丝及扁球形或不规则形的暗褐色菌核。后期在病部可见白粉状霉层（担子和担孢子）。

三、水稻纹枯病发生条件

（一）发生条件

高温、高湿有利于纹枯病的发生。当日平均气温稳定在22℃、水稻处于分蘖期时，田间开始零星发病。我国各稻区主要发病时期有所不同。常年情况下，东南和西南稻区各季水稻生育期均适合病害发生，出现多次发病高峰；华南稻区早稻发病高峰为 5~6 月，晚稻为 9~10 月；北方单季稻区在 7 月上旬至 8 月下旬雨季时病害发生严重；长江中下游地区初夏气温偏高，盛夏多雨，气温偏低，纹枯病发生严重；早稻发病高峰在 6 月中旬至 7 月上旬，中、晚稻发病高峰在 8 月下旬至 9 月下旬。

（二）侵染循环

病菌主要以菌核在土壤中越冬，也能以菌丝体和菌核在病稻草和其他寄主残体上越冬。菌核的生活力极强，土表或水层中越冬的菌核存活率达 96% 以上，土表下 9~25cm 的菌核存活率也达 88% 以上。在室内干燥条件下保存 8~20 个月的菌核萌发率可达 80% 以上的萌发率。

春耕灌水耕耙后，越冬菌核漂浮于水面。插秧后菌核随水漂流附着在稻株基部叶鞘上，在适温、高湿条件下，萌发长出菌丝，在叶鞘上延伸并从叶鞘缝隙进入叶鞘内侧，先形成附着胞，然后通过气孔或直接穿破表皮侵入。潜育期少则 1~3d，多则 3~5d。病菌侵入后，在稻株组织中不断扩展，并向外长出气生菌丝，蔓延至附近叶鞘、叶片或邻近稻株进行再侵染。一般在分蘖盛期至孕穗期，主要在株、丛间横向扩展（称水平扩展），导致病株（丛）率增加。孕穗后期至蜡熟前期，病部由稻株下部向上部蔓延（称垂直扩展），病情严重度增加。病部形成的菌核脱

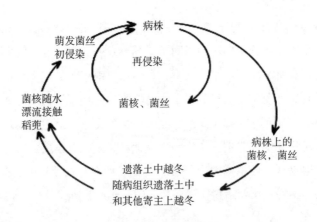

图 8-2　水稻纹枯病病害循环

落后，也可随水流漂浮附着于稻株基部，萌发后进行再侵染（图8-2）。经特殊的人工接种，担孢子可侵染并引起发病，但在自然情况下，担孢子的传病作用不大。

四、水稻纹枯病防治技术

水稻纹枯病的治理应以农业防治为基础，结合适时的化学防治。

（一）常规防治技术

1. 农业防治

（1）肥水管理：管好肥水，既可促进稻株健康生长，又能有效地控制纹枯病的为害程度，是防病的关键措施之一。根据水稻的生长特点，合理排灌，以水控病，贯彻"前浅、中晒、后湿润"的用水原则，既要避免长期深灌，也要防治晒田过度。另外，要注意氮、磷、钾等肥料的合理搭配施用，有条件的地方应以农家肥为主，化学氮肥应早施，切忌水稻生长中、后期大量施用氮肥。

（2）清除菌源：本田在灌水耙田后，大多数菌核浮在水面，于插秧前打捞混杂于浪渣中的菌核，可减少菌源，有效地减轻前期发病。打捞菌核必须彻底，才能收到良好效果。

2. 生物防治

利用颉颃微生物防治纹枯病是一个很有前途的发展方向。近年来，先后发现了一些对水稻纹枯病菌有颉颃作用的真菌和细菌。颉颃真菌有青霉属、镰孢属及木霉属的一些种；颉颃细菌有假单胞菌属和芽孢杆属的一些种及其近似种等。但这些颉颃微生物用于纹枯病的生物防治目前尚处于试验阶段。

3. 药剂防治

根据病情发展情况，及时施药，控制病害的水平扩展，过迟或过早施药防治效果均不理想。一般水稻分蘖末期丛间发病率达 15%，或拔节到孕穗期丛发病率达 20% 的田块，需要用药防治。前期（分蘖末期）施药可杀死气生菌丝，控制病害的水平扩展；后期（孕穗期至抽穗期）施药可抑制菌核的形成和控制病害的垂直扩展，保护稻株顶部功能叶不受侵染。常用药剂有井冈霉素等，喷施时配制成 40~60mg/L 的浓度，每公顷喷药量为 900~1 100kg。

（二）高效安全科学施药技术

2009 年以来，公益性行业（农业）科研专项《农药高效安全科学施用技术》项目研究团队经近 5 年的协作攻关，通过常用防治药剂对纹枯病菌敏感性时空变异的研究，科学筛选出对纹枯病具有理想防效的现场桶混药剂优选配方，提出了一整套高效安全防治纹枯病的田间适期施药和精准施药技术体系。

1. 配方选药及桶混技术

对水稻纹枯病具有理想防效的适于现场桶混的配方药剂组合：24% 噻呋酰胺 SC+43% 戊唑醇 SC（有效成分用量 6ml / 667m^2 + 1.2ml /667m^2）、24% 噻呋酰胺 SC+ 25% 咪酰胺 SC（有效成分用量 6 ml /667m^2+1.2 ml /667m^2）。

2. 适期施药

适期施药是关键。药剂的施药时间是否恰当，直接影响纹枯病的防治效果，如果施药时间选择不当，即使药剂选择正确也不能取得好的防效。因此，纹枯病的施药适期应把握"早期预防、看田施药和及时用药"三原则。田间施药时，推荐选用安全高效的单剂和现场药剂桶混优选配方（附录：防治水稻纹枯病推荐药剂）。

（1）早期预防：在水稻拔节期，注意观察天气情况，如果阴天或下雨天连续2d以上，应马上施药预防，并视病情每5~7d喷施1次，可控制纹枯病的发生。

（2）看田施药：水稻纹枯病在田间的发生发展有两个重要的阶段。

第一阶段。在水稻拔节孕穗以前病害呈横向发展即增加发病的丛数和发病的株数。

第二阶段。在水稻进入孕穗期以后特别是孕穗期末期和抽穗期稻株生长茂密田间郁蔽湿度增大对病害发生蔓延极为有利，病情由稻株下部向上部急速发展，持续时间长造成的损失大。这一阶段的纹枯病是喷施纹枯病药剂防治的关键时期。

（3）及时用药：实践表明在孕穗期和抽穗期施药防治效果最好。一般在孕穗期第一次喷药能有效抑制菌丝生长侵染，防治病斑扩散，控制纹枯病的水平发展，降低病丛率。视病情的发展情况，在抽穗期喷第二次药，第二次用药每亩适当增大用量，以控制纹枯病的垂直发展，抑制菌核形成，减轻病情的严重度。若待到发病盛期用药，则防治效果差。

3.高效施药技术

精准施药是控制水稻纹枯病的有效保障。农药的科学使用应做到高效安全和精准，高效是前提，安全是条件，精准是途径。因此，精准施药时要求做到"三准"：一是药剂选用要准，二是药液配兑要准，三是田间喷雾要准。

（1）药剂选用要准：药剂选用要准，即要"对症下药"。农户应根据当地历年防治纹枯病药剂的使用情况，正确选择有效单剂或桶混优选配方进行交替轮换使用，推荐药剂及桶混配方（附录表6）。

（2）药液配兑要准：药液配兑时要求准确计量和正确稀释。药液配兑前应仔细阅读说明书，严格按推荐剂量和施药面积准确量取药液和稀释剂（水），保证计量准确。正确稀释农药，既可以使某些难溶或用量较少的农药得以充分溶解、混合均匀，以提高防治效果，还可以避免或减轻药害的发生，减少中毒的危险。

药液配兑稀释时，要坚持采用"母液法"即两级稀释法。

①一级稀释。准确量取药剂加入桶、缸等容器，然后加入适量的水（2kg左右）搅拌均匀配制成母液。

②二级稀释。将配制的母液加入桶、缸等容器，再加入剩余的水搅拌，使之形成均匀稀释液。

使用背负式喷雾器时，可以在药桶内直接进行两次稀释。先在喷雾器内加少量（2kg）的水，再加入准确量取的药剂，充分摇匀，然后将剩余的水加入搅拌混匀后使用。

（3）田间喷雾要准：田间喷雾时，应在病害发生初期及时用药，并力求做到对靶喷雾和均匀周到。

①喷药时间。一般选择16:00点以后喷药，早上叶片有露水不宜喷药，中午日照强，药液挥发快，不宜喷药。若喷药后24 h内降雨，雨后天晴还应补喷才能收到良好的防治效果。

②喷雾质量。用机动喷雾器下倾喷雾每667m^{2}大概用药液量为10~20L，用雾滴密度测试卡评价喷施质量；桶混时加0.05%有机硅（杰效利），以提高药液在水稻植株表面的展布效果，并用农药药液黏着展布比对卡（润湿卡）评价。

"雾滴密度测试卡"和"雾滴密度比对卡"是项目组针对药液在田间实际喷雾效果而研制的一种快速检测农药喷雾质量的技

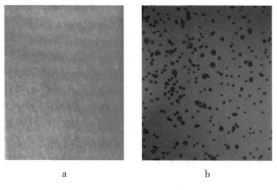

a   b

图 8-3　雾滴测试卡喷雾前后对比图

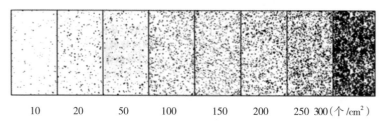

10 20 50 100 150 200 250 300（个 /cm^2）

图 8-4　雾滴密度比对卡

术，可供农民直接使用（图 8-3a、图 8-3b 和图 8-4）。此卡除检测雾滴分布、雾滴密度及覆盖度外，还可用来评价喷雾机具喷雾质量以及测定雾滴飘移。使用方法如下：

喷雾前根据喷雾器的喷洒范围将"雾滴测试卡"分散置于水稻植株上（倾角 45° 左右），喷雾结束后，待纸卡上的雾滴印迹晾干后，收集测试卡，观测计数，并与配备的"标准雾滴卡"进行比对，水稻上防治纹枯病害时，雾滴密度控制在 200~240 个 /cm^2 即可。

使用雾滴密度测试卡和雾滴密度比对卡时应注意。

①使用中，请戴手套及口罩操作，防止手指汗液及水汽污染卡片。

②使用时，可用曲别针或其他工具将测试卡固定于待测物上，不可长时间久置空气中，使用时应现用现取。

③喷雾结束后，稍等片刻待测试卡上雾滴晾干后，及时收集纸卡，防止空气湿度大导致测试卡变色，影响测试结果；如果测试卡上雾滴未干，不可重叠放置，也不可放在不透气的纸袋中。

④室外使用时，阴雨天气或空气湿度较大时不可使用。

⑤实验结束后，若要保存测试卡，可待测试卡完全干燥后密封保存。

⑥不用时，测试卡应放置在阴凉干燥处，隔绝水蒸气以防失效。

附录表6　防治水稻纹枯病推荐药剂

序号	药剂名称	通用名	用量（有效成分）	使用时期	使用方法
1	24% 噻呋酰胺悬浮剂 + 25% 咪酰胺悬浮剂		6ml /667m² + 1.2ml /667m²	发病初期	喷雾
2	24% 噻呋酰胺悬浮剂 +43% 戊唑醇悬浮剂		6ml /667m² + 1.2ml /667m²	发病初期	喷雾
3	28% 井冈霉素可溶粉剂	井冈霉素	52.5~75 g/hm²	发病初期	喷雾
4	240g/L 噻呋酰胺悬浮剂	噻呋酰胺	45.3~81.5 g/hm²	发病初期	喷雾
5	240g/L 噻呋酰胺悬浮剂 +80% 戊唑醇水分散粒剂		6ml /667m² + 1.2 ml /667m²	发病初期	喷雾
6	240g/L 噻呋酰胺悬浮剂 +25% 咪酰胺乳油		6ml /667m² + 1.2ml /667m²	发病初期	喷雾
7	300g/L 苯醚甲环唑·丙环唑乳油	苯醚甲环唑·丙环唑	67.5~90 g/m²	发病初期	喷雾

第九章　水稻稻曲病防治

一、水稻稻曲病发生与为害

稻曲病是晚稻的常见病害之一，主要为害谷粒，形成墨绿色或黄色粉团，不仅影响产量，更为严重的是污染稻谷，为害人畜健康。

稻曲病主要在抽穗扬花期发生，气候条件、田间湿度、氮肥施用情况对病害发生轻重影响很大。晚稻抽穗扬花期如遇持续阴雨天气，将有利于病菌的侵染与繁殖，病害发生加重。田间湿度大，露重且上午露水干得迟的情况下发生较重。施用氮肥过量、过迟，叶片生长宽大而披垂，田间荫蔽，通风透光性差，稻株氮碳比失调，抗性下降，容易发病且程度加重。此外，水稻品种着粒密度对病害发生也有影响，一般着粒密的品种，谷粒上露水不易干，病害发生重而普遍，而着粒稀的品种，谷粒上结水时间较短，通常病害发生较轻或发生时间偏晚。杂交稻因其生长旺盛，叶色浓绿、郁闭且开花时颖壳张开时间稍长，有利于病菌入侵，病害发生程度要重些。

二、水稻稻曲病诊断方法

（一）识别特征

稻曲病病原物无性态为绿核菌 [*Ustilaginoideavirens*（Cook）Takahashi]，半知菌门绿核菌属；有性态为稻麦角菌

（*Clavicepsoryzae-sativae* Has.），子囊菌门麦角菌属。

稻曲病菌可产生黄色和黑色两种厚垣孢子，黄色厚垣孢子可以萌发，黑色厚垣孢子一般不萌发。病菌厚垣孢子侧生于菌丝上，球形或椭圆形，墨绿色，表面有瘤状突起，萌发后产生短小、单生或分枝、有分隔的菌丝状分生孢子梗，梗端着生数个卵圆形或椭圆形、单孢的分生孢子。孢子座中的黄色部分常可形成1~4粒菌核。菌核扁平，长椭圆形，初为白色，后变成黑色，成熟时易脱落。落入土壤中的菌核翌年产生肉质子座数个。子座具有长柄，顶端球形或帽状，其内环生数个瓶形子囊壳。子囊圆筒形，内并列着8个无色、丝状、单孢的子囊孢子。

菌丝生长最适温度为28~30℃，低于13℃或高于35℃时生长速度明显减缓。菌核萌发产生子实体的最适温度为26~28℃。

（二）病害特点

稻曲病主要在抽穗扬花期感病，病菌为害穗上部分谷粒，在一个穗上通常有一粒至几粒，严重时多达十几粒，如图9-1所示。初见颖谷合缝处露出淡黄绿色块状物，逐渐膨大，最后包裹全颖壳，形状比健谷大3~4倍，为墨绿色，表面平滑，后开裂，

图9-1　稻曲病为害症状

呈龟裂状，散出墨绿色粉末，即病菌的厚垣孢子。稻曲病不仅毁掉病粒，而且还能消耗整个病穗的营养，致使其他籽粒不饱满，随着病粒的增多，空秕粒明显上升，千粒重下降，造成稻米品质严重下降，严重为害人畜健康。

三、水稻稻曲病发生条件

（一）发病环境

水稻稻曲病是在水稻生长后期发生在穗部的一种重要病害，该病多发生在水稻收成好的年份，常被农民误认为是丰年征兆而称为"丰收果"。稻曲病菌在温度为24~32℃均能发育，以26~28℃最为适宜，34℃以上不能生长。影响稻曲病菌发育和侵染的气候因素主要是降雨。在水稻抽穗扬花期阴雨日、雨量偏多，田间湿度大，日照少一般发病较重。不同品种、同品种不同播期发病有很大差异。一般晚熟品种比早熟品种发病重；矮秆、大穗、叶片较宽而角度小，耐肥抗倒伏和适宜密植的品种，有利于稻曲病的发生。杂交稻重于常规稻，粳稻重于籼稻，晚稻重于中稻，中稻重于早稻。栽培管理粗放，密度过大，灌水过深，排水不良，尤其在水稻颖花分化期至始穗期，稻株生长茂盛，若氮肥施用过多，造成水稻贪青晚熟，会加重病情的发展，病穗病粒亦相应增多。

（二）发病因素

该病的发生与栽培管理、水稻类型和品种以及气候条件等有关。

1. 栽培管理

过多施用氮肥，尤其是过多施用穗肥的田块发病重。此外，长期深灌，植株过于嫩绿、密度过大，会加重病害发生。喷施九二○有刺激孢子萌发的作用，可使病害加重。

2. 水稻类型及品种

一般粳稻、糯稻和籼粳亚种杂交后代发病较重，二籼稻发病较轻。同一水稻类型不同品种间抗病力有明显差异。桂朝 2 号、2159 糯和秀水 48 等发病较重，嘉湖 2 号等发病较轻。中、晚稻一般抽穗早的发病轻，抽穗迟的发病重。

3. 气候条件

水稻孕穗期至抽穗期适温、多雨、日照少有利于发病。沿海和丘陵山区雾大、露水重，病害发生往往较重。

（三）侵染循环

病菌以落入土中菌核或附于种子上的厚垣孢子越冬，其次也可借厚垣孢子在被害谷粒内或健谷颖壳上越冬。次年 7~8 月，当菌核和厚垣孢子遇到适宜条件时，即可萌发产生子囊孢子和分生孢子。病菌早期在水稻的孕穗期（主要在破口期前 6~10d）借气

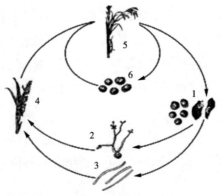

1. 越冬菌核及厚垣孢子　2. 厚垣孢子萌发产生分生孢子　3. 子囊孢子
4. 健株　5. 病株　6. 厚垣孢子再侵染

图 9-2　稻曲病病害循环

流、雨、露传播，侵入剑叶叶鞘内，侵染花器及幼颖，引起谷粒发病（图9-2）。病菌侵染后，首先在颖壳合缝处露出淡黄色菌块，后膨大如球，包裹全颖壳成墨绿色，最后龟裂，散出墨绿色粉末。

四、水稻稻曲病防治技术

稻曲病的防治应以农业防治为基础，结合适时的化学防治。

（一）常规防治技术

1. 选用抗病品种

如南方稻区的广二104、选271、汕优36、扬稻3号和滇粳40号等。

2. 农业措施

改进施肥技术，基肥要足，慎用穗肥，采用配方施肥。浅水勤灌，后期见干见湿。早期发现病粒应及时摘除，重病田块收获后进行深翻，以使菌核和病菌形成的曲球在土中腐烂，春季播种前，清理田间杂物，以减少菌源。

3. 药剂防治

把握好防治适期是取得良好效果的关键。水稻破口前10d左右（5%剑叶环抽出）为药剂防治稻曲病的最佳施药时期。可选择的药剂为多菌灵、三唑酮、井冈霉素等。

（二）高效安全施药技术

稻曲病的常规化学防治通常选用单一药剂，但是，药剂的选择、稀释以及施用不当，往往很难达到良好的防治效果。

2009年以来，国家公益性行业（农业）科研专项《农药高效安全科学施用技术》项目研究团队经近5年的协作攻关，通过常用防治药剂对稻曲病敏感性时空变异的研究，科学筛选出对稻曲病具有理想防效的单剂和现场桶混药剂优选配方，提出了一整套高效安全防治稻曲病的田间适期施药和精准施药技术体系（附录表7）。

1. 选用安全高效的单剂

根据2009~2012年常用杀菌剂对稻曲病菌的敏感性测定结果，下列单剂可作为有效防治稻曲病的药剂优先推荐使用。

① 50%多菌灵每公顷有效成分用量1 125g，加水喷雾。

② 10%苯醚甲环唑颗粒剂每公顷有效成分用量150~225g，加水喷雾。

③ 25%咪酰胺乳油每公顷有效成分用量150~225g，加水喷雾。

④ 50%丙环唑乳油每公顷有效成分用量150~225g，加水喷雾。

2. 使用优选的桶混药剂配方

科学选药是前提。长期使用单一杀菌剂防治稻曲病，会导致稻曲病菌的敏感性降低（或抗药性产生）。因此，根据稻曲病菌对常用杀菌剂的敏感性变化，科学选用有效单剂或桶混优选配方是高效安全防治稻曲病的前提条件。

对稻曲病具有理想防效的适于现场桶混的配方药剂组合：50%多菌灵+10%苯醚甲环唑（有效成分用量75 g/667m^2+7.5 g/667m^2）、25%咪酰胺+50%丙环唑（有效成分用量12.5g/667m^2+12.5g/667m^2）。

3. 选用合适剂型和助剂

农药合适的剂型和助剂可以提高田间防效，水稻为难润湿作物，应优先选用液体制剂，助剂的应用则从本田期即开始应用，一般使用有机硅或 TX-10 助剂效果好，使用有机硅助剂时须适当减少用药量才能保证防效。

为帮助农户选择合适的剂型、助剂以及桶混时助剂的最佳使用量，项目组研究发明了"润湿展布比对卡"，这是一种快速检测判断药液的对靶沉积即湿润展布情况的技术，其使用方法如下。

①将药剂按推荐用量稀释后，取少许药液点滴在水平放置的水稻叶片上，观察药液液滴的形状，并与"润湿展布比对卡"

a   b

图 9-3　润湿展布比对卡

（图 9-3a 和图 9-3b）进行比对。

②药液迅速展开，液滴的形状介于 7~8、或者与 7 或 8 相符时，表明所配制的药液能够在水稻叶片上粘附并展布，可直接喷雾使用。

③药液不能迅速展开，液滴的形状介于 1~6 的范围时，可在配制好的药液中少量逐次加入助剂，比较液滴形状，直至介于 7~8、或者与 7 或 8 相符后，再进行喷雾。

④润湿卡的使用说明：当药液液滴在喷施作物部位沉积形态达到图 9-3a 和图 9-3b 比对卡中 7 或 8 时，助剂用量最为适宜。

⑤具体用法：水稻叶片水平放置，将配好的药液点滴于叶片表面。当液滴形态介于 1~6 时，在配制好的药液中少量逐次加入助剂，再比较液滴形状，直至介于 7~8、或者与 7 或 8 相符止。

雾滴密度测试卡的使用说明：将"雾滴卡"根据喷雾器的喷洒范围分散置于水稻叶片上，喷雾后用配备的标准雾滴卡与其进行比对，当接近标准雾滴卡上的雾滴分布状态时，即表示药液对靶沉积良好，喷雾均匀周到。

附录表7　防治稻曲病推荐药剂

序号	药剂名称	通用名	用量	使用时期	使用方法
1	50% 多菌灵 +10% 苯醚甲 环唑		75 g/667m^2 + 7.5 g/667m^2	水稻破口前 10d	药剂喷雾
2	25% 咪酰胺 + 50% 丙环唑		12.5 g/667m^2+ 12.5 g/667m^2	水稻破口前 10d	药剂喷雾
3	25% 丙环唑	丙环唑	12.5g/667m^2	水稻破口前 10d	药剂喷雾
4	25% 咪酰胺	咪酰胺	12.5g/667m^2	水稻破口前 10d	药剂喷雾
5	50% 多菌灵	多菌灵	75 g/667m^2	水稻破口前 10d	药剂喷雾
6	10% 苯醚甲 环唑	苯醚 甲环唑	7.5 g/667m^2	水稻破口前 10d	药剂喷雾